多彩动物园

胡新波　主编

科学技术文献出版社
SCIENTIFIC AND TECHNICAL DOCUMENTATION PRESS
·北京·

图书在版编目（CIP）数据

多彩动物园 / 胡新波主编. —北京：科学技术文献出版社，2020.9
ISBN 978-7-5189-6327-0

Ⅰ.①多… Ⅱ.①胡… Ⅲ.①动物园—青少年读物 Ⅳ.① Q95-339

中国版本图书馆 CIP 数据核字（2019）第 286094 号

多彩动物园

策划编辑：张　丹　　责任编辑：马新娟　　责任校对：张永霞　　责任出版：张志平

出 版 者　科学技术文献出版社
地　　址　北京市复兴路15号　邮编 100038
编 务 部　(010) 58882938，58882087（传真）
发 行 部　(010) 58882868，58882870（传真）
邮 购 部　(010) 58882873
官方网址　www.stdp.com.cn
发 行 者　科学技术文献出版社发行　全国各地新华书店经销
印 刷 者　北京地大彩印有限公司
版　　次　2020 年 9 月第 1 版　2020 年 9 月第 1 次印刷
开　　本　787×1092　1/16
字　　数　156千
印　　张　12
书　　号　ISBN 978-7-5189-6327-0
定　　价　48.00元

前 言

每个孩子心中都有一座多彩动物园，那里每个动物都是精灵。多彩动物园激发孩子们的灵感，带着奇幻的创意和无尽的想象。孩子天然地喜欢亲近动物，大自然是最好的老师，而随着城市化的进程，动物园成为连接孩子与野生动物的桥梁，也成为孩子们探索世界、感受生命神奇的重要场所。动物园中那些神奇的动植物，总能吸引孩子们的注意力，激发他们的好奇心，引发他们的求知欲与探索欲，科学精神与创新能力在不断地观察与实践中得以培养。

孩子在游览动物园的过程中会有着很多的疑问，每一个问题都能打开一个新的世界，使其在知识、情感等层面上与动物有更深入的连接。孩子在家长的带领下或自己独立去探索找到想要的答案，出于这样的考虑，杭州动物园组织动物专业技术人员撰写了这一科普读物，针对孩子们感兴趣的话题或疑问一一阐明。在这里你可以了解到动物园的由来及历史、动物们是如何被照顾的、应该怎样关爱动物，此外还带领大家去探访有趣的动物之家，以专业的视角找寻不同类群动物之家的特点；由保育员、兽医、动物园教育人员来现身说法，介绍他们的工作情况。

动物园是如此重要的一个场所。动物们受到专业技术人员良

好的管理，动物的自然行为得以表达。孩子们在感受动物神奇的同时，也会与动物产生情感连接并关注到这些动物的野外生存状况，进而为改善动物野外栖息地而选择力所能及的环保行为，为生命共同体建设贡献自己的力量。

目 录

第一章 动物园的正确打开模式

动物园的由来

于学伟

我们都喜欢去动物园，但是你知道动物园的由来吗？动物园最早起源于古代人对野生动物的圈养驯化和观赏。我们知道原始人类最初是以植物和野生动物作为食物的，而当食物充足时，捕捉到的活的野生动物有多余的就会被饲养起来，其中有些会被驯化成家养动物，如狗（由狼驯化而来）、猪（由野猪驯化而来）和马（由野马驯化而来）等。当衣食无忧时，古代皇族们便搜罗各种野生动物来观赏，从而逐步形成动物园。下面就让我们一起来了解一下，从收集野生动物供私人观赏到我们现在看到的动物园的历史吧！

人类捕捉和控制大型动物的历史只有3000年左右，作为财富和地位的象征，随着航海和贸易的发展，收藏动物一度流行于达官贵人之间，动物园多集中在文明程度较高、经济较富裕的城市中。

先说说国外吧。

动物园的雏形

欧洲，古罗马时已经有了动物园的雏形。动物园起源于古代国王和王公贵族们的爱好——从各地收集来珍禽异兽圈在皇宫里玩赏，就像黄金、珠宝是财富和地位的象征，当时的动物园和老百姓一点儿关系都没有。最开始这种收集比较随意，遇到什么就抓什么，之后渐渐对动物有了一些了解，开始有计划性与组织性。当时人们把动物关在笼子里，并不会考虑动物是否舒服，想到的只是如何让观者看得更清楚。公元前 2300 年的一块石匾上，有对当时在美索不达米亚南部苏美尔的重要城市乌尔收集珍稀动物的描述，这可能是人类有记载的最早动物采集行为。

大约在公元前 1500 年，埃及法老苏漠士三世就有自己的动物收藏。其继母——女王哈兹赫普撒特还派了一支远征队到处收集野生动物，远征队的 5 艘大船运回了许多珍禽异兽，包括猴子、猎豹和长颈鹿，还有许多当时人们不知道如何称呼的动物（图 1–1）。公元前 1100 年，亚述王提革拉毗列色也收藏了大量的野生动物。

图 1–1　古埃及壁画中描绘的牧人驯养野生动物场景

笼养动物园

一直到 18 世纪，在世界各地不同地区，动物都是上流社会的玩物。伴随着贵族权势的消退，动物收藏逐渐趋向大众化，这种把收集来的动物进行展览的行为被称为“Menageries”（这一词正式出现于1712年，暂译为“笼养动物园”），意即关在笼子里的动物展览。这种形式比起那些毫无章法的随意性动物收集更具有组织性。

现代动物园的兴起

几代法国国王也建了动物园收养动物，路易十四在他所有城堡和行宫里都建有动物园，动物笼舍遍布全国各处皇家的领地。在凡尔赛宫，路易十四还对动物笼舍进行了改造，把动物成群地饲养在一个大围栏中，还在四周画上花和鸟的背景。

在奥地利维也纳，神圣罗马帝国的皇帝弗兰西斯一世于1757年送给妻子玛丽娅·特利萨一座动物园作为礼物，如今这一动物园在维也纳世界文化遗产舍恩布龙宫，是特利萨女皇的避暑离宫。“舍恩布龙”是“美丽的清泉”的意思，所以动物园被称为“美泉宫动物园”。

18世纪90年代，人们开始从贵族手中夺取政权，其中一项是有权参观动物园。英国开始允许老百姓参观伦敦的皇家动物园。

19世纪初，经济发展带动了城市扩张，人们开始建设公园，保留绿地，以满足休闲娱乐的需要，由于对保护自然的关注加上渴望对野生动植物进行深入了解，动物与植物一起被放到公园里展出。“动物园”的英文是“Zoo”，源于古希腊语的“Zoion”，意思是“有生命的东西”，进而发展成了“Zoology”，意思是研究有生命的东西（动物）的学问。所以国外众多动物园的全称是“×××× Zoological Park”或者“×××× Zoological Garden”，意思是“研究动物的公园”。注意，这里有了科学研究的功能，与笼养动物园“Menagerie”只有单纯的娱乐功能是不一样的，这是动物园发展史上的一次质的飞跃。

在英国的维多利亚时代，研究动物和自然科学的气氛非常浓，那时英国著名的自然科学家达尔文发表了《物种起源》。当时伦敦动物园协会成立了，协会筹款、筹物、找地皮、招募员工。1828年，在伦敦的摄政公园成立了人类历史上第一家现代动物园——摄政动物园（Regent's Park Zoo）。

哈根贝克动物园，是动物园的里程碑。该园于1907年建成，是首次以全景式展示动物，并且不仅展示了动物，还原了该动物的栖息地（图1–2）。

图1–2　哈根贝克动物园

卡尔·哈根贝克首先用壕沟把人和动物分开，而不是之前一直用的网笼和栅栏，在德国汉堡动物园创建了“全景式”的动物展示模式。

哈根贝克动物园，体现了经济发展水平，是知识积累的成果，也是意识的变革，更是一种追求，遵从了公众选择——从娱乐猎奇向欣赏的转变，使人们从关注物种到关注环境变为可能，在当时是史无前例的动物“丰容”，体现了一定的动物福利水平。

值得注意的是，上文所提到的“丰容”，是动物园术语，指的是在圈养条件下，丰富野生动物生活情趣，满足动物生理心理需求，促进动物展示更多自然行为而采取的一系列措施的总称。通过构建和改变动物的生活环境，允许动物表现出正常的行为和为动物提供更多选择的机会，用来排解动物的无聊。这是提高动物福利的一个重要技术工作。

我国动物园的早期历史

皇家苑囿始于周朝，终于清朝社会变革的压力——京师农事试验场照搬巴黎自然史博物馆的模式停滞于战乱（图 1–3）。

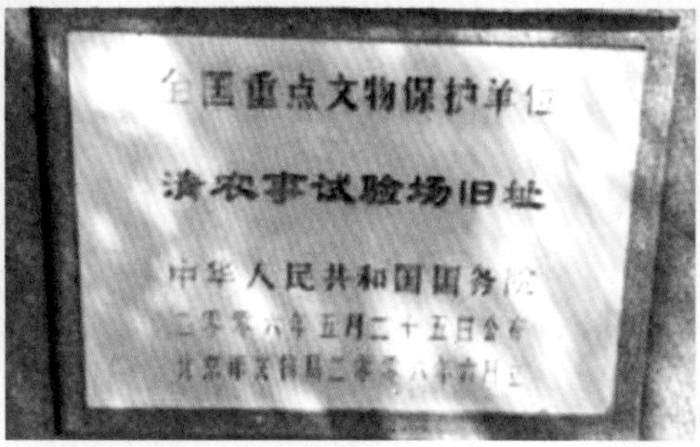

图 1–3　京师农事试验场

中国早在公元前 1000 年，周文王时已在酆（fēng）京（现在陕西西安）兴建灵台、灵沼，自然放养各种虫、鱼、鸟、兽，并在台上观天象、奏乐（《诗经·大雅》）。这是世界上最早由人工兴建的自然动物园。之后封建帝王也多建有由专人管理不同规模的皇家苑囿，多选择山丘茂林或水草丛生之处，放养鸟兽，主要供游乐狩猎。秦汉之后，多在种植花木的苑囿中放养或设笼舍圈养动物，供玩赏。

中国周朝的周文王还把收集来的动物放在园中命手下人进行研究。那时的动物收藏虽然是统治者权势的象征，但在动物的收集和饲养过程中，人们开始逐渐了解动物和自然，并开始积累驯化动物的经验。

链接： 苑囿（yòu），指划定一定范围的（如墙垣等），具有生产、游赏等功能的皇家专属领地。

我国近代第一座动物园是北京的万牲园，当时建造的目的是满足皇室贵族自身虚荣和娱乐的需求（图 1–4）。万牲园建造初期从德国引进了包括印度象、美洲鹿、野猿、猴、鸵鸟、黑天鹅等大量珍稀动物，并召集各地官员广泛收集地方动物，集合成国内最大的动物种群库，聘请了德国人看守饲养。

图 1-4 万牲园

从万牲园开始，动物不再是生活在由栏杆、坑、壕限定的不自由空间里，而是有了更为广阔的活动空间，人们也更加注重动物的福利。

1907 年 7 月 19 日，慈禧太后将万牲园对公众开放，近代第一座动物园也成为中国近代史上第一家向公众售票的公园。清朝兴建动物园的一个重要目的是通过这一动物园起到科学启蒙和思想开化的作用。万牲园可凭票进入，而且儿童、仆役减半，学生在老师的带领下可以免票。清政府想通过该动物园表现其民主开放的决心。

动物园有科普教育、自然保护、科学研究、休闲娱乐四大功能。动物园是城市绿地系统的一个组成部分，主要饲养展出野生动物，对人们进行动物知识的普及教育，宣传保护野生动物的重要意义，同时进行科研工作。

动物园，在 19 世纪是活的自然历史橱窗，在 20 世纪是活的博物馆，在 21 世纪是保护和教育中心。现代动物园，保育动物、繁育动物、教育人们，特别是围绕保育开展的教育，更是不可缺少的。

综上所述，动物园的发展如图 1-5 所示。

动物园的发展

国外

动物园雏形

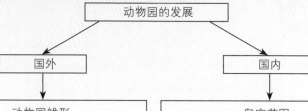

起源于古代国王和王公贵族们的爱好——从各地收集来珍禽异兽圈在皇宫里玩赏；公元前 2300 年的一块石匾上，有对当时在美索不达米亚南部苏美尔的重要城市乌尔收集珍稀动物的描述，这可能是人类有记载的最早动物采集行为

↓

笼养动物园

18 世纪 90 年代，人们开始从贵族手中夺取政权，其中一项是有权参观动物园；英国允许老百姓参观伦敦的皇家动物园，这种将收集来的动物进行展览的方式比起那些毫无章法的随意性动物收集更具有组织性

↓

现代动物园

19 世纪初，经济发展带动了城市扩张，人们建设公园保留绿地满足休闲娱乐的需要，由于对保护自然的关注加上渴望对野生动植物进行深入了解，动物与植物一起被放到公园里展出，动物园有了科学研究的功能

国内

皇家苑囿

始于周朝，终于清朝社会变革的压力——京师农事试验场照搬巴黎自然史博物馆的模式；主要供皇室游乐狩猎观赏，为权势的象征

↓

近代动物园

北京的万牲园，属于农事试验场的一部分，当时建造的目的是满足皇室贵族娱乐的需求。1907 年，慈禧太后将万牲园对公众开放，万牲园也成为中国近代史上第一家向公众售票的公园，后在战乱中停滞

↓

现代动物园

二十世纪五六十年代，新中国成立前曾饲养展出过野生动物的城市开始建设大型公园，并在园内开辟园中园饲养动物，这些园中园多发展为后来的城市动物园；1990 年后，随着国家经济发展与改革深入，国内兴建了一批野生动物园或其他形式的非公有动物园；目前，动物园的职能应逐渐由观赏娱乐向易地保护与保护教育转化

图 1–5 动物园的发展

小问题

1. 哪座动物园首次全景式展示动物，是动物园的里程碑？

答：__________。哈根贝克动物园

2. 动物园的四大功能是什么？

答：__________。科普教育、自然保护、科学研究、休闲娱乐

动物园怎样保护动物？

王洪波

渡渡鸟于1681年灭绝，大海雀于1844年灭绝，袋狼于1936年灭绝……据统计，全世界每天有75个物种在灭绝。科学家认为，自工业革命开始，地球已进入了第6次物种大灭绝时期。生物多样性正受到有史以来最为严重的威胁（图1–6）。很多人都思考着这样一个问题：我们能留给后代什么？一个丰富的世界还是一个贫瘠的地球？我想答案不言而喻。

图1–6 世界灭绝动物墓地

生态系统越复杂，稳定性越高。我们希望更多的物种与人类共同生存于这个地球，最终也是为了人类自身的生存。那么，动物园是怎样保护动物的呢？这些失去野外生活自由的生命汇集在这个城市的一角，到底发挥着哪些作用？而动物园为了保护它们又做了些什么？

如果你常逛动物园，就会发现动物园这几年还是发生了很多变化的，以前用铁丝网罩住的动物笼舍正在逐渐消失，取而代之的是大大的玻璃室展厅及无障碍的生态化展区；传统的水泥地面已越来越少，动物出现在更为自然的沙地或者铺有刨花、树皮树叶的地面上……如果你留意到这些变化，你就会好奇，除了在观赏效果上有所提升外，这些改变对动物来说到底有什么好处？或者说现在的动物园到底是如何开展保护动物的工作呢？这里就不得不谈到一个词——动物福利（Animal Welfare），因为“虽然动物园的核心目标是物种保护，但其核心行动是实现积极的动物福利”。动物福利的概念由英国农场动物福利委员会于 1992 年提出，是指动物如何适应其所处的环境，满足其基本的自然需求。如果动物健康、感觉舒适、营养充足、安全、能够自由表达天性并且不受痛苦、恐惧和压力威胁，则满足动物福利的要求。而高水平动物福利则更需要疾病免疫和兽医治疗，适宜的居所、管理、营养、人道对待和人道屠宰。动物园里圈养的动物失去了在野外生活的自由，同时也免受饥寒、被捕杀等生存威胁，可以说有得有失。野外受伤被救护的动物，在动物园里得到医疗上的照料后，可以回归自然或继续在动物园生活。圈养动物通过动物园的饲养、管理得以繁衍生息，延续基因。尽管世界上的诸多学者在这些年里对动物福利的定义一直存在争议，但大家还是有一定的共识，即被普遍理解的五大自由，它涵盖了动物的衣食住行，还有心理健康。

第一，动物享受不受饥渴的自由，即生理福利，保证提供动物保持良好健康和精力所需要的食物和饮水。现代的动物园都有专设的饲料间，有的还有专门的饲料基地，对市面难以采购的一些饲料进行栽培，保证动物食物的质与量。

第二，享有生活舒适的自由，即环境福利，提供适当的房舍或栖息场所，让动物能够得到舒适的睡眠和休息。

第三，享有不受痛苦、伤害和疾病的自由，即医疗卫生福利，保证动物不受额外的疼痛，预防疾病并对患病动物进行及时治疗，这就需要我们的兽医人员来保障。

第四，享有生活无恐惧和无悲伤的自由，即动物心理福利，保证避免动物遭受精神痛苦的各种条件和处置，减少恐惧与焦虑。

第五，动物享有表达天性的自由，即行为上的福利，被提供足够的空间、适当的设施及与同类伙伴在一起。

这五大自由要求逐层增加，需要动物园从食物供给、场地规划、医疗条件这些方面来做保障，而动物园通过什么来做到上述第四和第五项自由呢？即通过动物丰容、行为训练与种群管理，每一项都是具有科学性和创造性的工作，并且需要长期坚持。

所谓“丰容”，简而言之就是模拟动物栖息地的手法，布置动物的生境，让它有更多的选择，尽可能展现出更多自然的行为（图 1–7），在后面的章节中我们会不断提到丰容工作的开展。“行为训练”就是通过正强化手段教授动物学会在人工圈养条件下的生活技能。同样，动物园里构建合理的展示群体即种群管理，不单单是考虑物种延续后代，同时也是提升动物福利的一种有效措施。因为对于群居动物来说，与同伴在一起

图 1–7　丰容展示

生活就是最大的幸福。行为训练和种群建设的内容也在第五章和第六章有专门的阐述，这里就不一一展开了。

此外，动物园内的科普牌示、互动设施均向游客传递着大量信息，动物园除了直接保护着这些珍贵的野生动物之外，还有一个重要的教育职能，即“保护教育”，通过开展形式丰富的活动让公众来体验与互动，如爱鸟周、动物保护主题日、职业体验、夏令营、夜游动物园、动物生日会等，让游客与动物之间建立起一种情感联系与保护认知。同时，还会把课程带进学校、走进社区，通过保护教育，引导孩子们观察自然，了解自然。另外，向公众科普动物野外生存条件恶化、生物多样性丧失的知识信息，进一步引导大家去关注这些动物野外种群的生存情况，从而参与保护动物的栖息地、保护环境的行动（图 1-8）。

图 1-8　动物园的科普活动

小问题

1. 动物福利包括的五大自由是什么?

答：________。

不受饥渴的自由，生活舒适的自由，不受痛苦、伤害和疾病的自由，生活无恐惧和无悲伤的自由，表达天性的自由

2. 动物园通过哪些工作来保证动物的福利?

答：________。 丰容、行为训练、种群管理等

动物园的动物都吃些什么？

陆玉良

棒子打老虎，老虎吃鸡，鸡吃虫子，虫子啃棒子……很多人童年的游戏中，会出现这么一段话，形象地说明了各物种之间相生相克的关系。在野外，每一种动物在采食的同时，很可能也会是另一种动物的捕猎对象。然而，在动物园中的动物没有了野外天敌的威胁，也无法捕猎比自己弱小的动物，那大家是不是很好奇它们在动物园里都吃些什么呢？

动物福利第一条就特别提到，动物享受不受饥渴的自由，也就是需要提供给动物保持良好健康所需要的食物和饮水。动物园为保障动物们的这一福利，也是煞费苦心。我们今天不仅要说说动物吃什么，也要说说怎么吃。有些游客总担心动物瘦啊，动物吃不饱啊……其实朋友们多心啦。前段时间有新闻报道就提到某动物园每天仅动物吃掉的食物就有近6吨。同时，有些动物到了夏季就会消瘦，有些动物老了也会体形消瘦，有些动物虽然饱了还会吃，有些动物过饱了就会生病……喂养动物是门学问，一切都要尊重科学。实际上，动物园动物的饲料有严格标准，并且由营养师、保育员提供方案，有专门的技术人员把关。饲料从采购、运输、入库到制作，要经过很多道把关，才能被动物美美地享用。拿杭州动物园来说，动物饲料都是经过仔细挑选的（图1-9）。干牧草来自东北和内蒙古自治区，要求草场无蝗灾、无放牧、无农药、无辐射；构树叶等来自周边山区，冬季鲜树叶及青草由专门的青草基地提供。每年饲料供应商都要招标选拔，保证新鲜水果蔬菜无农药残留，小白鼠、面包虫这些都是园子里自己养殖的。可以说，在正规管理的动物园里，只要是动物需要，就没有供应不上的。

图 1-9　动物园青饲料基地

动物园里动物根据饮食情况，大致可分为食草动物、食肉动物及杂食动物。食草动物是指单以植物组织为生的动物，包括范围甚广，从昆虫（如蚜虫）到大型哺乳动物（如大象）。动物园里的食草动物常指有蹄类哺乳动物，如斑马、长颈鹿、大象等。这些动物采食范围包括草、树叶、果实、谷物等，为了保证动物的营养，除了重量，品种上也是根据动物需求做了合理配比。不同的季节，食物成分也会有所调整。以大象为例，夏秋两季，通常会为每只大象准备约 200 千克的青草，青草种类在两种以上，如芦苇、高丹草等。除此之外，还有 15 千克的胡萝卜、5 千克左右的香蕉，以及 5 千克左右的应季果蔬，还为其准备部分“甜点”，即 10 千克左右的窝头。冬季青草匮乏的时候，则会改喂 75 千克左右的干草（图 1-10）。

图 1-10　食草动物的干饲料

食肉动物是指以肉类食物为主的一类动物，这样的动物海陆空都有，大家在动物园也会遇见很多，陆地大型的内食动物，如多种老虎、狮子、豹等；小型的肉食动物，如豺、金猫、水獭等。海洋肉食的动物，如各类鲸鱼、鲨鱼等。天空肉食的动物如各种雕、秃鹫等。在野生环境下，食肉动物的体形受季节和猎物量的影响。在高纬度及高海拔地区，进入严寒季节前，很多食肉动物都会胃口大增，它们需要提前补充能量，迎接寒风暴雪、食物短缺、捕食困难的漫漫冬季。这时候它们都变成了“圆滚滚”，这种临时的肥胖是生存所必需的。在动物园里，各种动物基本都过着“饭来张口”的生活，所以，各个季节，食肉动物采食量差别不大。以老虎为例，每周需要喂食 4 天，每只成年虎每次需喂食 12.5 千克左右的肉食，通常都是选择脂肪含量低的牛肉与兔肉、鸡肉；剩余 3 天则要做禁食处理。为什么呢？很多喜欢看自然纪录片的可能会知道，野生虎在自然环境下都是比较精瘦的。野外通常都是饥一顿饱一顿的状态，而且捕食也花费动物们大量的体力，所以许多动物本能就是碰见食物就尽量吃，不管有没有吃饱。正常动物园通常会设法不让动物超重，动物园是宅生活，动物活动量不比野外，毫无“抓不到就饿死”“被抓到就被吃”

的生存压力，要胖太容易了。但动物和人一样，一超重病就多，也影响“生儿育女”。一个负责任的动物园，除了精心为每种、每只动物制定营养合理的食谱外（图 1–11 和图 1–12），还会给它们建造空间大、环境丰富的展区，并增加它们觅食的难度，来让动物“管住嘴，迈开腿”。

图 1–11　灵猴馆的伙食

图 1–12　珍禽馆的伙食

至于动物碰到游客喂食就欢蹦乱跳，那也未必是饿的，八成是“惯”的：许多动物的本能就是碰见食物就尽量吃，也不管是否吃饱，更不管吃多了是否会坏肚子。动物园里长期有人投喂，动物们也形成了条件反射，游客一做出喂食动作，就颠颠地凑过来。

杂食动物是指动物食谱中植物和动物各占一定比例、植物和动物都可作为其营养需求、且有主动捕猎行为的一类动物，动物园常见的杂食动物有熊、黑猩猩、小浣熊等。以小浣熊为例，这么一个呆萌的小动物，每天需要饲喂约 200 克的熟肉，同时还要添加约 50 克颗粒饲料及水果来均衡营养。

总体来说，动物园动物们吃什么及吃多少，都由专业人士精心计算过，已经能够满足动物的营养需求（图 1–13）。游客们来到动物园，无须再给动物喂食了，来到动物园，大家只需要留下自己的爱心就足够了。

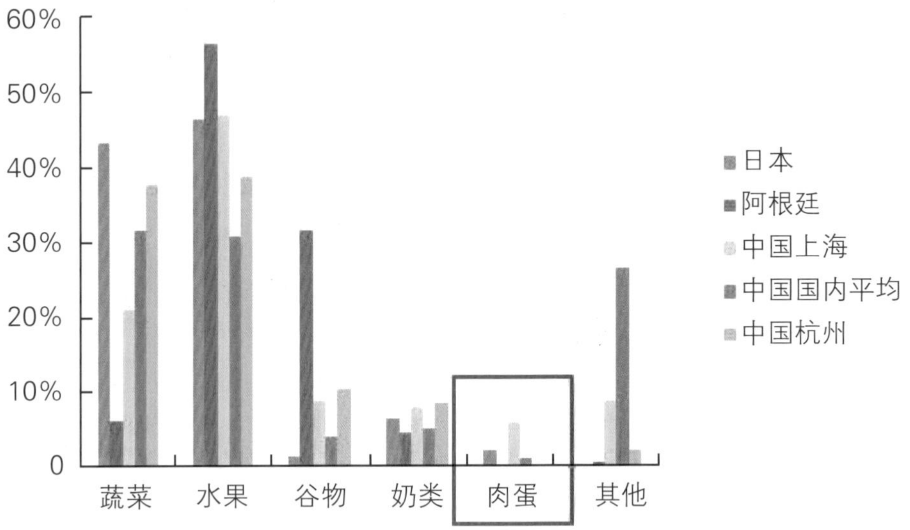

图 1–13　黑猩猩的营养需求

小问题

1. 动物园里的动物只要愿意吃就可以一直给它们喂食物。这样的说法对吗？

答：________。错

2. 动物园里的动物按照进食情况大致可以分为哪几类？

答：________。食草动物、食肉动物、杂食动物

为什么说在动物园里投喂动物是种伤害?

楼　毅

当我们在猴山看小猴们调皮地戏耍、在熊山看憨憨的“熊大”“熊二”悠闲地洗澡时，细心的朋友一定会注意到围栏旁的说明牌“爱护动物，拒绝投喂”。好多游客不理解，“我好喜欢这些动物，好担心它们会饿肚子，希望能跟它们分享我手中的食物，而且我的食物都是新鲜健康的，为什么你们要禁止我们喂食呢？”

我们先要明确一个问题，动物在动物园里会挨饿吗？答案当然是否定的。动物园保育员的工作就是照顾好动物，动物在动物园内必须享有的五大自由中第一条就是免受饥渴的自由。所有动物每天的营养餐都是经过精心计算和考量的，根据它们在野外的食性进行科学配比。例如，灵长类饲料包括了水果、蔬菜、窝头等十几种食物，保证了小猴子们的各种营养所需，有时甚至还需要添加一些钙片、维生素片来补充一些微量元素。

现在我们知道了动物们在动物园里是不会挨饿的，下面我们就来解释一下为什么喂动物这一看似善良的行为会对动物造成伤害呢?

第一，不同的动物具有不同的食性，投喂不符合它们食性的食物会对它们的身体造成伤害。例如，大家都知道猴子喜欢吃水果，但我们熟悉的“国宝”金丝猴属于叶猴类动物，水果在它们的日粮配方中占比还不到 20%，每一只个体每天的水果进食量还不到 400 克，换算成量也就是每天半个苹果、四分之一个梨、一个橘子、几颗葡萄。是不是很吃惊呢?

那么它们吃什么呢？既然是叶猴类动物，它们主要的食物当然就是树叶跟树皮啦，这占据了它们日粮中的60%以上。每一只金丝猴看起来都挺着大大的肚子，好像怀孕一样，就是因为它们有采食树叶的特性，树叶能量低，需要大量进食才能提供所需的能量，所以金丝猴的胃就特别大，肚子看上去也就圆鼓鼓啦(图1-14)。金丝猴看上去也没有其他猕猴活泼，经常躺在栖架上睡觉休息，这是便于树叶在体内的消化，顺便节约了能量的消耗。树叶的消化需要很多特殊的细菌和酶的帮助，假如我们投喂了很多的水果或者淀粉类食物，如玉米、土豆之类的，动物体内就会形成其他的细菌，打破消化道内的平衡，最终影响其健康。

图1-14　川金丝猴的主食是树叶

第二，喂食大量的含糖类食物会造成动物的肥胖及各种心血管疾病。有人会说，动物世界里猕猴、黑熊、黑猩猩这些动物在野外就会吃很多水果，它们也很喜欢，那我们喂一些总没事吧。这里需要注意三点：首先，我们平常吃的水果都是经过人工选育的，含糖量是野外的几十倍，所以动物虽然在野外也吃果实，但是它们能找到的果实的甜度是无法和我们日常吃的苹果、香蕉相比的；其次，你无法控制其他游客喂什么食物，也就永远无法知道自己投喂的是动物今天吃的第几根香蕉，每个人都想“我就喂一根，肯定没什么事”，那么动物园每天成千上万的游客量，谁都没办法精确地计算出这只动物今天究竟吃了些什么，吃了多少；最后，各种水果的含糖量、能量、维生素含量都是不同的，每只动物也有自己的喜好。保育员在准备动物的日粮时会充分考虑动物的喜好、营养等多方面因素，保证动物的营养均衡，但假如随意投喂食物，动物就会根据自己的喜好吃大量同种食物，就会造成营养的失调。由于适口性问题，动物一般喜欢采食的都是含糖量高的食物，过量的糖分摄入会造成动物的肥胖、糖尿病和一些心血管疾病，影响动物的健康。另外，有资料表明过量的糖分摄入会使动物变得易怒，增加打架斗殴的可能。

第三，随意投喂食物会引起动物间不必要的冲突，造成打斗。对于一些群居性动物而言，群内必定会有一些强势个体和一些弱势个体。我们的保育员在日常工作中为了照顾所有的个体，保证所有个体都能有食物吃，都会进行一项叫作食物丰容的工作。简单来说，就是将食物藏进盒子里或者特别制作的罐头里（图 1–15 和图 1–16），强势的动物无法

图 1–15　大熊猫的食物丰容球

判断盒子里有什么的时候，它们就不会一股脑儿地全部霸占，那么弱势的个体也就能抢到一个，然后到角落慢慢探索。所以我们投进去的取食器数量一定是比动物数量多的，保证每个个体都能至少拿到一个，这样就避免了冲突，也保证了弱势个体的食物需求。

图 1-16　金刚鹦鹉的丰容架

假如我们随意投喂，首先投喂的食物是什么一目了然，前面我们说了由于适口性问题，大部分动物都喜欢吃含糖量高的食物，所以当投喂的食物大家都很想吃的时候，你又恰巧将食物丢到了弱势个体面前，那么问题就来了，弱势个体会死死地想守住这份食物，强势个体又想要抢过来吃，不可避免的冲突就会随之而来。像黑猩猩这样有复杂社交网络的动物，弱势个体有时会产生联盟，也有的会依附到其他较强的个体一边，这样一个简单的投食甚至会引发一次惨烈的群架，对动物造成非常严重的外伤。

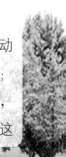

第四，随意投喂可能会对动物本身造成伤害。有时我们希望看到动物自己打开包装袋的行为，就将食物裹在包装袋、塑料袋中往笼内一扔；或者我们并不是有意投喂食物，只是在看动物的时候顺便吃了些东西，再顺便把装东西的塑料袋、包装袋随手丢进了动物笼舍。大家注意，这里要说的就是塑料袋、包装袋甚至还有铁钉、白色垃圾等对动物造成的伤害。我们都知道这些塑料制品无法食用，但是动物们知道吗？它们生活的环境本来就没有这些东西，更不会知道食用以后会产生什么后果。国内外动物园已经发生数起食草动物误食塑料袋引起的死亡事件，在死后的尸检解剖过程中发现了大量的塑料袋等白色垃圾缠绕在动物的胃内，这是十分让人痛心的事实。

我们总是觉得野生动物离我们很遥远，谈如何保护野生动物更是纸上谈兵，没有什么实际意义，但其实在动物园内管理好自己的行为，做到文明参观、拒绝投喂就是对圈养动物最好的保护。动物园同时是个公共场所，随意投喂也是非常没有礼貌的行为，这会破坏整体的环境卫生，影响他人的参观效果。再加上前面说的投喂对动物可能产生的危害，下次来动物园参观游览时，如果遇到他人随意投喂食物，你会进行劝导吗？我相信会的！

小问题

1. 叶猴类动物每天树叶的采食量占其日粮总量的百分之几？

答：__________。 60%以上

2. 金丝猴不会采食下面哪种食物？

A. 香蕉　　B. 胡萝卜　　C. 牛肉　　D. 窝头

答：__________。 C

3. 在动物园随意投喂食物会造成哪些问题？（多选）

A. 动物肥胖　B. 动物拉肚子　C. 动物打架

答：__________。 A B C

什么是正确爱动物的方式？

蒋国红

一说起爱动物，很多人都会积极赞成以表达他们对动物的喜爱之情，可不正确的表达方式也会对它们造成伤害。我们看到动物园里的小猴子米粒因为吃多了人们投喂的食物而得了肠胃炎，水獭悠悠差点误食游客掉落的气球，怀孕的黑猩猩老大会不堪忍受游客敲玻璃的烦恼而变得脾气暴躁……虽然许多行为是出于一种喜爱，希望跟动物们亲近，希望让动物们享用美味，但确确实实对它们造成了伤害。如果你留意还会发现身边的流浪猫和流浪狗们，它们在外流离失所，可最初它们也是主人的宠儿，最初却也是出于喜爱，可因为种种原因被遗弃在外了。那么，我们喜爱动物，应该怎么做才能减少对它们的伤害呢？

大自然就像个伟大的母亲，孕育着万物，无私地把一切给了所有的生灵。可大自然的动物们越来越多地面临着灭绝的威胁。据统计，在20世纪的100年中，全世界共灭绝哺乳动物23种，大约每4年灭绝一个物种，这个速度较正常化石速度高13～135倍。由于栖息地的丧失、劣化、碎片化，外来物种的引入、污染、人口过多导致的资源过度利用与损耗等，都使生物多样性遭受到有史以来最为严重的威胁；在面对雾霾、沙漠化等越来越多环境问题时，摆在我们面前迫切需要解决的是相互依存的所有物种面临的生存问题，这也是加速生态失衡的因素。关注地球上的生命从来没显得那么迫切，尤其是各种珍稀动物。那么我们该从哪些方面做起，正确地关爱动物呢？

多一些了解，多一份关爱

有句话讲得非常好，“汝之蜜糖，彼之砒霜”，形容身处不同的立场和经历时，对同一事物的看法会截然不同，就有了蜜糖与砒霜这一反差变化。对于动物园里的动物们，最常见的要数投喂了。人们因为喜爱动物，就会把自己喜欢的各种美食给动物吃，殊不知很多动物吃了不属于自己食谱内的食物；即使适合吃也容易吃多了，会因此而生病甚至还会死亡。这多是出于不了解，而将自己喜欢与爱的方式强加给对方，而动物们又不会表达，往往发现时问题已经严重了。

那么我们该怎么做呢？在动物园里，展区的旁边就有专门设立的动物说明牌与科普标识牌，有助于帮助我们了解这种动物的基本情况（图 1–17）。

图 1–17 科普说明牌

在野外，我们不认识这些生物也没有关系，可以用笔记本或相机记录下来，回家依照特征查找图谱或网络资料，了解这些生物的情况。那么从哪些方面开始了解呢？名字、生活的地方、食物吗？首先你可以想一想，人也是生物的一种，什么是我们生活必需并且贯穿我们一生的呢？仔细开动脑筋哦！关系到我们每个人生活所需的主要有6项，分别为食、衣、住、行、育、乐，这几项同样适用于动物，我们可以将此作为一个脉络去观察去了解动物朋友，理解它们的行为语言。

“食”主要是吃的食物种类、捕食的方式，它们有哪些天敌。

“衣”主要指动物的外形特征，体形、体色与形态及变化等，这些是我们区别它们的重要依据。

“住”主要指动物的栖息环境，因为在动物身上我们同样能找到动物适应环境的很多特征。在动物园里也同样，尽管动物们来自世界各地，但是不同动物的展区都是为它们量身定做的，符合它们野外生存的需要，我们可以在展区内找到它们休息的场所、玩耍的地方（图1–18），细细地去发现吧！

图1–18　细尾獴的瞭望台

“行”主要指动物的行动方式，如走、爬、跑、跳、飞等，每种动物都有自己特定的方式。

“育”是指生产与哺育，动物繁殖期求偶、交配、生产、哺育都是非常重要的。

“乐”主要指玩耍嬉戏，这在哺乳动物身上表现得更明显，动物园也会为动物们提供多种物品供它们玩乐。例如，将沙子铺设在亚洲象展区内，亚洲象会洗沙浴，用长鼻子不断将沙子喷射到身上，玩得不亦乐乎（图 1–19）。

图 1–19　大象的沙浴场

从食、衣、住、行、育、乐这一脉络去观察了解我们喜爱的动物，真正了解它们到底喜爱怎样的生活，真正从心底里去为它们做些事。千万不要把动物当成人类，用对待人类的方式去对待动物，这并不是它们真正想要的或适合它们的。所以真正爱动物，我们要拒绝在动物园投喂，抵制动物表演，抵制象牙、玳瑁等动物制品。很多人觉得这些同样也离我们很遥远，那也没关系，爱动物，我们每个人都可以贡献一分自己的力量。例如，全球濒危动物现在面临的最大威胁是栖息地的丧失，我们可以从减少使用一次性制品、节约纸张等身边力所能及的小事做起，用低碳环保可持续发展的方式来支持我们喜爱的动物。如果每个人都节约能源，点滴可以汇聚成大海，我们每个人的点滴付出就可以汇聚成保护动物的巨大力量。

学会做自然的观察者

在了解的基础上付出爱，这是科学的爱，这同样需要学习。我们可以通过自然观察方式，感受生命的美与大自然的奥秘，增进对自然的理解。五感体验是对我们尤其是对孩子们非常有效的方式，通过眼看、耳听、鼻闻、嘴尝、手摸等视觉、听觉、嗅觉、味觉、触觉 5 种感官模式的运用来感受自然。

视觉体验：人是视觉动物，通过用眼睛观察物种的形状、颜色等差异，思考色彩差异背后传递出的信息。例如，枯叶蝶，长得就几乎与一张枯树叶一样，这是它们的生存方式，通过这样的方式能与生活环境充分融为一体，能够轻易地躲避危险。而与之相反，有些动物有着艳丽的颜色，通常是警戒色，是“小心危险”的提醒牌，如南美的箭毒蛙。我们用眼睛观察动物的变化，外形、颜色、大小甚至行为都可以是我们捕捉的焦点，甚至我们还可以将这一时刻的观察通过绘画与记录的方式做成自然笔记。

听觉体验：大自然的语言是各种生命的声音，声音是生物传递信息的重要方式，长臂猿凭借高亢嘹亮的嗓音无疑能夺得高音歌唱家称号，我们也可以尝试辨别一下大自然的声音。

嗅觉体验：我们通常用“香”与“臭”来形容两个极端味道，动物们对于气味也是特别敏感的，很多动物用气味来标识它们的领地，来区分它们的孩子；还有些动物身上具有特殊的腺体，臭鼬就是其中之一，气味成为它们的武器，甚至能用臭气赶跑敌人。

味觉体验：在自然观察时味觉体验能辅助增强观察记忆，植物是主要对象，我们能体会到“酸、甜、苦、辣、咸、涩、甘”等不同的味道。但对于不熟悉的植物，轻易不要去尝试。

触觉体验：看到喜欢的东西，我们总有种忍不住想要去摸一摸的冲动。确实，触觉带给我们粗糙的、光滑的、柔软的、坚硬的等不同体验，给予我们更多大自然的信息。在野外，我们可以去触摸树叶，摸摸树皮，轻抚花朵。而对于野生动物，我们最好保持距离，野生动物因为生存需要时刻保持警惕，它们或许会误解你友好的抚摸方式，以为是伤害，在挣扎中它们也会因此受伤，同样也有可能伤害到你，此时最好保持距离，通过视觉来观察。

五感体验的自然观察模式，在我们的记忆深处形成对自然生物的多维度的记忆认知。在野外，我们要做一个忠实的观察者，不以我们的好恶去对待生物，每种动物都有其生态价值，都值得我们敬畏与尊重。不能因为我们讨厌毛毛虫就要把它弄死，也不能因为喜欢毛毛虫，而把它从鸟类嘴下救出，我们需要忠实地记录观察到的一切。在动物园里也是一样，不要拍玻璃去干扰动物们的生活，我们可以观察它们在哪个时间段活跃，如果想要看玩耍活跃的它们就可以选这个时间段来观察。

最后我们来总结一下，真正地爱动物，我们可以做的具体方式有以下 5 个方面。

①爱动物，拒绝投喂，抵制动物表演，抵制象牙、玳瑁等动物制品；

②不轻易放生动物，也不轻易购买动物，若发现有人贩卖野生动物可以拨打林业部门的电话；

③如果打算饲养宠物，在饲养前一定要做好不离不弃养这一宠物一生的打算，做一位负责任的宠物主人；

④学习自然观察的方式，了解动物需求；

⑤构建自己低碳环保的生活理念并付诸行动。

小问题

1. 我们可以从哪些方面去了解我们的动物朋友？

答：________________。

动物跟我们人一样，可以从食、衣、住、行、育、乐方面具体去了解

2. 我们如何来做一个自然观察者？

答：________________。

我们通过自然观察的方式，也可以结合五感体验来增进体验感受

3. 身边的朋友要养宠物了，你有什么建议给他们吗？

答：________________。

饲养宠物前要做好充足的准备，想清楚自己是否具有照顾陪伴它们一生的能力；想清楚这些宠物它们的生活需求有哪些，自己是否有能力满足它们

第二章
如何拜访动物的家

动物家里都有些什么？

邹明燕

今天黑猩猩们搬新家了，动物园里的街坊邻居都来恭贺它们乔迁之喜。大伙儿热热闹闹地来到新家参观，新家里的装修可不简单，宽敞的外活动场里绿草如茵，流水潺潺，舒适的内活动厅里有地暖、有吊床。大伙儿议论纷纷，在羡慕黑猩猩们住进新家的同时也不忘吹嘘一番自己家里的得意之处，大象说："家里装修啊一定要设置一个大泥池，在池子里玩耍蹭痒别提有多舒服了。"这被孔雀和白鹇们一致反对："家里应该放沙子，大泥池又脏又臭，会弄脏我们漂亮的羽毛。"但小熊猫、金丝猴们却极力推荐要弄个高端的喷淋设施，家里有了这个才能安然度过炎炎夏日。大家七嘴八舌说什么的都有，但是谁也说服不了谁，动物家里真有这么多新奇又有趣的东西吗？

动物家里少不了“我”

敢问“我”是谁？我可是绝大部分陆生动物和鸟类生活环境中都必不可少的环境设施，“我”的名字叫“栖架”。“我”能用什么做呢？天然树干、成型木头、绳索及混凝土等材料通通都可以成为一个“我”，“我”可以很单一，也可以很复杂，但起到的景观效果和功能需求是不可小觑的。

“我”的第一个形态：床。动物的家和人类的家是一样的，都需要床，而动物的床只是形式更多、材质更丰富，且会根据动物的不同习性设计。例如，在黑猩猩这里，“我”非常有说头。先说说内室的“我”——为提高黑猩猩的福利，更多展示它的自然行为，光内室的“我”就有好多。面积最大的应该是由混凝土浇筑的3米×1米的“我”，黑猩猩完全可以非常舒适地躺下来休息；用废旧轮胎制成的“我”，以及两个分别由消防水袋和麻绳编织而成的“我”。平日里，“我”既可以作为玩具，又可以供黑猩猩慵懒的休息，极大增加了它们的自主选择权。内展厅的“我”——工作人员堆砌了一座假山，把假山上方磨平，就成了又一个“我”，“我”还被安装了地暖。平日里，黑猩猩会把稻草铺在上面，就着地暖，晒着太阳懒懒睡上一觉，实在是“猩”生一大幸事！至于黑猩猩外场的“我”——由4米高的方钢制成，并配有多个不同高度的休息平台，足够供多只黑猩猩自由选择。在灵长类动物里，有时候不同高度的“我”也是彰显地位的一面镜子(图2-1)。

图2-1 黑猩猩家中的吊床

“我”的第二个形态：工具。在野生动物的家里，“我”的作用不仅仅限于休息，还能被动物挖掘出新的技能，如“蹭痒”，甚至与“我”来一场精彩的对抗比赛。羚袋馆里生活着旋角羚、长角羚、袋鼠、羊驼等动物，每种动物活动外场都随意地堆砌了一些树干。这些树干就被制成了一个随性的“我”。平时，“我”既可以起到阻隔动物与游客亲密接触的作用，又可以给动物提供一个遮挡隐蔽的空间，还可以让旋角羚等动物来磨角、蹭痒，无聊之时练练手，不亦乐乎（图 2-2）。

图 2-2　弯角大羚羊家中的蹭痒柱

动物家里的宝贝

动物家里的宝贝在人类世界中可不一定是宝贝，有时候甚至显得有点脏，有点像垃圾一样毫无用处，但是只要稍加处理和加工，它们往往就能成为动物家里必不可少的好宝贝，为动物在动物园里有更好的生活提供了很大帮助。下面就来看看这些宝贝都有什么吧。

泥巴。很多人的童年记忆都少不了泥，背着妈妈偷偷地玩泥巴，最终黑黑的手指甲还是出卖了你。其实，动物和小朋友一样，也喜欢玩泥巴，就这样，泥巴成了动物家里的一件宝贝。是谁的家呢？对于大多数食草动物来说，泥可以为它们驱赶体表寄生虫，提供体表防护，以满足动物避免蚊蝇叮咬和防止皮肤晒伤等自然需求。就像大型食草动物大象，皮肤褶皱比较多，如果清洗得过于干净，反而会让寄生虫钻空子，导致生病，所以平时它很喜欢用长长的鼻子吸些泥沙往自己身上撒（图2-3）。要是不信，可以仔细观察一下大象身上的泥沙层，厚的程度估计连用板刷都刷不干净了吧！这一切，大家想不到吧！

图2-3　洗泥沙浴的大象

水。水可大可小，可多种形式出现，不仅是动物日常饮用水，也是炎热夏季提供纳凉的一种有效途径。大象活动外场有一个大水池，炎炎夏日可以缓解高温带来的不适，还能用来与同伴戏水（图2-4）。浣熊，喜欢用水清洗食物，所以在它们的家里，配备了多个水池供选择。在鸟类的家里，水从淋浴或喷雾中出来，鸟儿们享受到一丝清凉，这在视觉效果上也成为一道风景，为动物和游客同时带来享受。有时候，水还会化作冰块，成为动物消夏解暑的一大利器。

本杰士堆。这个名字看起来十分拗口，其实说白了，就是一个小型的生态系统。在杭州动物园里，旋角羚场馆就有一个这样的本杰士堆。石块、树枝堆在一起，并用掺有本土植物种子的土壤进行填充，同时在堆内种植蔷薇等多刺、蔓生的保护性植物，还能吸引昆虫、鸟类等生物。

这既给动物提供了一个庇护场所，又为一些食草动物提供了新鲜树叶，而且展示了自然环境，达到了很好的丰容效果。

图 2-4　大象的戏水池

巢穴。有时候就是一个不起眼的小房子，动物们会在这里睡觉、玩耍。比如动物园里的耳廓狐们，在它们的活动场地内有许多个巢穴，有的是整段的枯木，有的是混凝土做的石管，有的则是沙土堆积的，有很多种可以自主选择。平日里，耳廓狐们会藏在巢穴的肚子里，若不是火眼金睛，游客还真没法发现它们的踪影（图 2-5）。

图 2-5　耳廓狐的家

树叶。有人觉得，掉落的树叶最头疼，风一吹，七零八落，让人恨得牙痒痒，但在动物园里，树叶也可以成为动物家里的一分子。天冷了，工作人员会拾些干净的树叶铺设在地面上，就隔绝了动物的脚与地面的直接接触，起到了天然地毯的作用，这样它们的脚就不会那么冷了。同时，平日里动物还可以将食物藏在树叶之下，这样不但延长了它们的进食时间，还培养了它们的觅食能力。

春夏秋冬各不同

动物的家，会根据春夏秋冬的变幻，变得不太一样。

春暖花开，万物复苏，春天到了。很多动物的家会出现一些窝用来孵化，如鹳鹤类（东方白鹳、丹顶鹤等）、雁形目（黑天鹅、疣鼻天鹅等）、鹈形目（鹈鹕等），一到繁殖季节，就会在活动区域内衔一些树枝、羽毛、稻草等做巢穴的材料，找一个僻静又相对安全的地方做窝，孕育下一代。

炎炎夏日，酷热难当，夏天到了。很多动物的家会出现一些防暑降温设施：大熊猫房间的空调、电扇，金丝猴房间的喷淋设施，鸟房的遮阳棚……

秋风习习，日感凉意，秋天到了。很多动物的家会出现一些干净的落叶，如金丝猴、黑猩猩等灵长类动物的家，既温暖又可以当玩具，有时候还能在层层落叶中翻到“宝贝”。

寒风凛冽，刺骨寒冷，冬天到了。很多动物的家会出现一些防寒保暖设施。例如，亚洲象、长颈鹿场馆的暖风机、油汀，地表铺设刨花、稻草，黑猩猩的烘干机等，确保它们安然度过寒冷的冬天。

正所谓“麻雀虽小，五脏俱全”。我们正努力着，为所有动物们创造一个不失天然环境、不改生活习性的自然生活环境。“螺蛳壳里做道场”，至于怎么做，我们会继续摸索，一起去守护这片土地、这片美丽的家园、这群可爱的家人。

小问题

1. 哪种动物需要用泥来驱赶寄生虫，提供体表防护？

答：__________。 大象

2. 用石块、树枝等堆积起来的生态系统叫什么？

答：__________。 木头土堆

3. 动物们可以在巢穴里做什么？

答：__________。 玩耍、睡觉

4. 什么可以用来做动物们的天然地毯？

答：__________。 树叶

难道动物也有害羞的时候吗？

张徐徐

听说今天有人来拜访动物之家，大家都迫不及待地期待起来，开心地打扫房间、准备迎接客人们的到来。但是，蜜熊、耳廓狐们却闷闷不乐，它们躲起来不肯见人了，它们是怎么了？生病了吗？动物园里的动物们都来探望它们了，猴子抓耳挠腮不解地问道：“有这么多人来看我们，怎么还不高兴了呢，我最喜欢热闹了。”大熊猫懒懒地说：“你管他们谁来呢，该吃吃、该睡睡就行。”蜜熊不好意思地回答道：“因为我平时都是晚上出来活动的，白天喜欢在洞穴里睡大觉，这么多人看着我，我会害羞的。”浣熊、耳廓狐也怯生生地举起了手说：“我们也是这样。”哦，原来有这么多小伙伴儿都有害羞的时候啊，那大家害羞的原因和方式都一样吗？

在动物园里，经常听到游客问：“咦，怎么动物园里的好多笼子都空着没有动物？”这个时候给游客们指一指，他们就会惊呼：“哦，原来它们都害羞地躲起来了。”难道动物也会害羞吗？“害羞”这个拟人化的词语，经常会被用到可爱的动物身上，仿佛害羞也已经不再是人类才会有的专属感受，很多动物也会在不同时候表现出害羞的状态。

看看动物园里的动物们，小浣熊总是钻在树洞里只愿意露出半个屁股，耳廓狐总是把自己藏在草丛里，石洞间蜜熊只知道把头埋在肚子里呼呼大睡，细尾獴家族则更是不惜耗时将近一年时间完成一个浩大的工程——给自己挖了个地下城堡（图 2-6），这些动物仿佛不愿意跟人们有什么互动，一心只沉浸在自己的小世界里；而看看另一边，小熊猫正站起来向各种游客撒娇卖萌（图 2-7），黑熊正在水里打滚和玩着各种丰容玩具。同样都是一个动物园的野生动物，为什么差距就那么大呢？

图 2-6　警惕的细尾獴

图 2-7　撒娇卖萌的小熊猫

有些动物可能只是跟我们有时差，如果你夜游过动物园，你会看到截然不同的它们，看到完全不一样的情景，在白天，不少不愿意活动，只知道埋头睡觉的动物，一到夜晚就变得特别活跃。有的在打斗，有的会爬得很高去采食树上新鲜的树叶，有的还会趁着夜色求爱。浣熊就是很典型的一种夜行动物，喜欢晚上 12 点以后出门，会从树洞里爬出来跑到水池边洗干净食物再吃。蜜熊也是夜行侠团队成员之一，活跃于晚上 7 点至午夜及破晓前的 1 小时，夜幕中它们用尾巴倒挂在树上荡来荡去觅食，跟白天真是判若两“物”啊。所以，折腾了一晚上筋疲力尽的它们，到了白天自然是只知道把头埋在肚子里睡觉了，这才让大家对它们产生了误解，以为它们天生害羞文静呢。

有些野生动物的确就是天生的害羞鬼，动物所谓的“害羞”，其实是指在完全相同的环境条件下，同一物种的不同个体持续表现出的不同之处。例如，在遇到威胁时，有的个体的反应是无畏，有的则是畏缩躲闪。而动物的某些个性特征可能是先天遗传的，也可能是为适应生存环境的变化而后天习得的。哪怕是同一个物种的动物在各种内在基因或者外界环境的影响下都会呈现出不同的性格和个性，动物园里的野生动物和家养的被驯化的宠物更是完全不一样的。在野外，野生动物为了生存，喜欢躲藏，有的为了躲避敌人的捕杀，有的则是为了捕杀别人，喂饱自己。有些动物的躲藏是把身体完全藏到掩体内，让别的动物看不见。另一些动物则利用它们的天然伪装——它们身上的颜色和图案使它们与周围环境混为一体——使你很难发现它们。老虎作为山中之王，都要用条纹来伪装自己，更何况其他小动物。

动物园里的动物们面对食物或者人类时，也是看上去有的格外怯弱害羞，有的非常勇敢大胆，有的则又很狡猾世故，而耳廓狐就是动物园最害羞、最会躲藏的动物之一了。作为世界上最小的犬科动物，耳廓狐像小猫一般大，它巨大的耳朵与躯体的比例在食肉动物中首屈一指。耳廓狐的大耳朵既是“散热器”，又是“高效雷达”，能敏锐地判断出猎物的具体位置，甚至还能分辨出猎物发出的声波的微弱差异。耳廓狐凭借天赋卓绝的生存能力，成为沙漠中生活的强者，当地人将其视为沙漠的灵魂，而到了动物园的耳廓狐们对外界的环境依旧特别敏感，躲游客躲得远远的（图 2-8）。

图 2-8　耳廓狐躲在巢箱下面

总而言之，躲藏是这些动物的本能，很多游客为了能见到它们一面可谓望穿秋水，他们总忍不住想用手指关节击打阻隔他们和动物的那一面玻璃，希望它们能动起来，能看见它们与平时不同、上蹿下跳的一面。但是很多动物很害羞胆小，我们要尊重它们的性格，你的某些看似无伤大雅的行为和举动很可能导致动物的应激行为，如果长期处在这样的惊吓中，还会直接影响它们的寿命、交配和繁殖率。所以，在重视动物福利、人民素质不断提高的今天，动物园也在不断进步与发展。作为一个现代动物园，更是要让动物拥有免于恐惧和窘迫的自由，允许动物躲避游客视线，还原动物的自然行为，以动物为本，做到人与自然界的动物和谐相处。老式动物园的展区往往从方便观看的角度出发，视角单一，不仅完全忽视了动物的身心健康，更把人与动物对立起来，不符合人与动物和谐相处的原则。我们在动物园游玩的时候经常能看到一个现象，我们与动物对视的时候它们都会跑开或者转头避开我们的视线，这难道真的

是因为它们对于我们炽热的目光感到害羞吗？其实动物处于被俯视的位置，会感到很大的视觉压力，它们是感到害怕而并非害羞，还有那些四面通透的玻璃馆舍，美观大方一览无余，却让动物无处躲避来自四面八方的围观和骚扰。所以当你在动物园里却什么动物也看不见的时候，请不要觉得扫兴，耐心寻找那些躲藏在各个角落洞穴里“害羞”的动物们。虽然人们把这些可爱的小动物们从大自然移到了这里，但它们的生存应该并不只是为了让人们观赏，不能因为有时候我们没捕捉到它们可爱的模样而对它们有所抱怨，觉得它们“不近人情”，而是我们应该对它们说：“对不起，害羞的朋友，打扰了！”

小问题

1. 什么动物喜欢挖地下城堡？

A. 小浣熊　　B. 小熊猫　　C. 细尾獴　　D. 豪猪

答：________。C

2. 哪种动物是夜行性的？

A. 蜜熊　　B. 金钱豹　　C. 丹顶鹤　　D. 大象

答：________。A

3. 哪些动物比较害羞，喜欢躲藏？

A. 老虎　　B. 大象　　C. 长颈鹿　　D. 耳廓狐

答：________。D

4. 面对动物园里“害羞”的动物们，我们应该怎么做？

答：________。

尊重它们的性格，耐心寻找躲藏起来的它们

带你拜访有趣的鸟类之家

陈 琳

听说今天动物园的鸟类之家有客人光临，大伙儿都很兴奋，马上发起了热烈的讨论。美洲的哥儿们首先发言，火烈鸟说：“让他们来看看我的家，我家里有大大的水池和软软的红土。”金刚鹦鹉说：“老哥，我这里虽然没有水，但是我家里高低错落、横七竖八的大木头可好玩了。”巨嘴鸟也插嘴道：“来我家瞧瞧，让你知道什么是正宗的美洲范儿，高大的芭蕉树和茂密的植被你们谁有？”当然，亚洲的伙伴们也不甘示弱，犀鸟马上说道：“你们这些美洲的土鸟就知道玩些木头、泥巴的，我家里有麻绳可以荡秋千，你们有吗？我家里还有好多好玩的小玩具，你们有吗？”你一言我一语，大伙儿都使劲儿地吹起自己的家来，到底它们的家里都有些什么特别的地方呢？还是让我们来亲自瞧一瞧吧。

非常欢迎你来到动物园中的鸟类之家，鸟类之家的大门已经徐徐打开，请跟随我的脚步，一处处地探秘，一处处地解开谜团，看看它们的家都有些什么特别之处。

首先来到的是湿地形态的涉禽展区，丰富的水域面积和茂密的植被覆盖呈现出典型的湿地特征，适合东方白鹳、火烈鸟和各种鹤类生活。看，火烈鸟一个个把头埋在水里做什么呢（图 2-9）？它们一边晃着脑袋一边在水里啪嗒啪嗒地张合着嘴巴，这可是它们特有的进食方式，通过滤食寻找水中的小虾米、浮游生物与藻类，所以火烈鸟家里的水面是最宽广的，还分出了浅水区和深水区。浅水区专门供它们涉水而行，觅食、玩耍；深水区则是天然的隔离屏障，就像家里院子外的篱笆，避免游客因过近的接触打扰到动物们的生活休息。藏在水面之后的小岛则是较为隐蔽的孵化场所，火烈鸟妈妈们在这里用软软的泥土筑起一个个的巢穴，在漫长的繁殖期里辛苦的妈妈们要一直趴在巢上孵化火烈鸟宝宝。

图 2-9　火烈鸟的休息场

依依惜别了充满湿地氛围的涉禽区域，我们再去看看金刚鹦鹉的家是什么样的吧。这种来自中南美洲热带雨林中的鹦鹉是世界上体形最大的鹦鹉，尖锐的鸣叫声和强悍的啃咬力是它们的标志。既然它们从遥远的异国他乡来到动物园的家庭中，我们当然要为它们提供最好的居住条件了，为迎合金刚鹦鹉善攀爬、喜啃咬的特点，鹦鹉广场中的所有栖架都是由天然的树桩、树干、枯枝搭建而成的，通过合理的布局营造高低错落的活动空间，为鹦鹉提供丰富的攀爬和栖息环境，鼓励它们更多地“动起来”，这也就是我们常说的环境丰容。此外，这些天然的栖架自然也就成了它们啃咬、磨喙、清理口腔的好工具（图 2-10），因此定期更换破损的树干也是我们保育员们的日常工作。此外每年还要对场地里的栖架进行新的调整和设计，复杂多变的居住环境才能满足鹦鹉这种天生充满强烈好奇心并极具探险精神的动物的需要。鹦鹉广场展区的地面全是泥土，还有丰富的自然植被覆盖，不加过多人为修饰的环境充满了别样的野趣，可别小瞧这些泥土，这可是为金刚鹦鹉特别准备的，因为在野外金刚鹦鹉就有啃食泥土的特别习性，所以当你在鹦鹉广场参观的时候可不要被这帮鸟类“挖掘机”吓到了。

图 2-10　金刚鹦鹉的攀爬架

然后我们再把目光从美洲鸟类转移到我们中国自己的鸟类上来，先来看看头戴巨盔、闪转腾挪的大家伙，它们是来自我国云南的双角犀鸟和花冠皱盔犀鸟，分别只在西双版纳和盈江、腾冲有少量分布，是我国的二级保护动物。它们的家里怎么好像有一张大网织就其中，高高低低的好不复杂。仔细一瞧，原来都是用麻绳和树干搭成的，树干为躯干，麻绳穿梭其中遍布各个角落，犀鸟们则自由自在地在其中跳跃、摇晃，玩得不亦乐乎。不算太大的笼舍空间内，一对犀鸟追逐打闹但一点都不显得拥挤，因为丰富多变的设置充分将立体空间利用了起来。犀鸟家中还有好多小竹罐挂在树干上，这又是做什么的呢？瞧瞧，犀鸟正在用大嘴来回拨弄这些竹罐呢，慢慢地有好多小虫子从竹罐的小洞里漏了出来，犀鸟灵活的大嘴衔住小虫然后一仰头就吞了下去，这巨大厚重的嘴巴与细小轻巧的虫子间所产生的强烈反差让人忍俊不禁。这就是我们保育员为犀鸟准备的益智喂食器，又好玩又有东西吃。这也是我们进行食物丰容的一种方式，目的在于使动物们花费更多的时间在觅食上，而不仅仅是简单地从食盆中被动地获取食物。此外，西瓜、番茄、葡萄等浆果则被用各种方式固定在树干的各个部位，犀鸟寻好位置靠近食物然后用嘴巴啄食大快朵颐，充分模拟和还原了鸟类自然的进食方式，也是一种很好的食物丰容形式，让这些大个儿住在动物园却好像置身于云南的原始森林一般。

最后，来看看种类繁多的雉鸡们的家吧。雉鸡，顾名思义是属于鸟纲鸡形目雉科的鸟类统称，有孔雀、锦鸡、蓝鹇、白鹇、白冠长尾雉等。它们的家里草木繁茂，低处的灌木和高处的桂花树相映成趣，再点缀些石头、竹子更加增添了中国古典园林般的雅致和野趣，而且丰富的植被还可以起到很好的隐蔽作用，对于这些生性害羞的鸟类来说可是最合适的，能有效减少由于完全暴露在游客和同类面前而产生的巨大压力。雉科动物作为我国传统的观赏性鸟类，作为我国的本地物种，住在这样的家里是不是非常符合它们的气质呢，自有一种园林动物的娴雅，这样还原自然生境的笼舍丰容也能帮助我们更好地传递保护教育信息，让游客真正了解、喜爱雉科动物。此外，笼舍设有外活动场和内室，外活动场以泥地为主，内室中则铺满沙子。雉科动物需要通过沙浴清理体表的寄生虫，并且对于习惯于地面简单营巢的雉鸡们来说，在繁殖季节简单挖个沙坑就是一个很好的可用于产蛋的巢穴了（图 2-11）。眼尖的你可能发现了，怎么每一个外活动场内都在高处设了栖架呢？雉鸡难道不是在地面活动的吗？这你就有所不知了，那些拥有华美长尾羽的雉鸡可是非常爱惜自己的羽毛的，雨天地上泥泞的时候它们都习惯栖息在高处将长长的尾巴保护起来。另外，雉鸡们晚上睡觉的时候也都是习惯于上高栖息的，这也是在野外趋利避害的自然行为习惯。

图 2-11 红腹锦鸡的运动场

一圈逛下来，是不是对鸟类的家有了更多的认识呢？正所谓“麻雀虽小，五脏俱全”，动物笼舍面积虽然有大有小，但是家中的各种设置和功能区域可一个都不能少，一草一木都是特别的存在。正是这些细节上的特别之处才使得鸟类能够在远离野外栖息地的动物园中安然自得，生活得无忧无虑。

小问题

1. 火烈鸟家的水池为什么要分为深水区和浅水区？

答：____________。

浅水区用来觅食和玩耍，深水区则起隔离的作用

2. 金刚鹦鹉是世界上体形最大的鹦鹉吗？

答：____________。 是的

3. 双角犀鸟和花冠皱盔犀鸟分布在我国的什么地方？

答：____________。 云南

4. 以下哪种动物喜欢用沙子洗澡？

A. 犀鸟　　B. 金刚鹦鹉　　C. 孔雀　　D. 火烈鸟

答：____________。 C

带你拜访有趣的食肉动物之家

陈　琳

一个明媚的早晨，威武的老虎正在悠闲地享用着它的早餐，耳廓狐急匆匆地前来报告："虎哥虎哥，听说今天有人来拜访我们食肉动物之家，你说他会去谁家里瞧瞧呢？"老虎不屑地回答道："哼，就属你耳朵大消息灵通，我虎山这么大的地儿，估计整个食肉动物之家就再找不出第二个了，他们还能不来？"接着，耳廓狐又去了熊山、豹房通报这个消息，这些大家伙们虽然平时都酷酷的，但一听说有客人要来也都兴奋得手舞足蹈。小熊猫、细尾獴们都还在睡觉，错过了分享这个好消息的机会，待会儿等它们醒来可要手忙脚乱了，快收拾自家小窝准备迎接客人们的到来吧。忙碌的耳廓狐把消息给大家一一带到以后赶紧回到自己家里，它仔细瞧瞧家里漂亮的仙人掌、精巧的洞穴，不由得喃喃自语："我家也挺不错啊，客人们会来吗？"

食肉动物，这个范围的确很大，广义上来说食肉目下面的所有动物都可以看作食肉动物，有大型猫科动物这些处于食物链顶端的捕猎者，也有浣熊、蜜熊、水獭这些可爱得让人忘记它食肉本性的动物，更有豺、狼、狐狸这些狡猾的狩猎高手。它们虽然千差万别，但好歹都是吃肉，所以叫它们一声"食肉动物"也是错不了的。被我这么一介绍，你肯定更加糊涂了，那到底动物园中的食肉动物之家都有什么特别之处呢？感兴趣的话你就随我来参观一下吧。

先去看看那些大猫们的家吧。老虎的家是最宽敞豪华的，因为作为顶级捕猎者，它们需要很大的活动范围去猎取足够的食物，动物园为它们提供了“虎山”作为它们的家，围墙加上宽阔的水系作为隔离，这样游客就能安心地在适当的距离观赏百兽之王的风采了，毕竟食肉动物的凶猛和威严是需要敬畏的。另外，老虎非常喜欢有水的地方，经常会来水边喝水、洗澡，并且虎山的高度基本与参观道齐平，又造就了良好的观赏视野，偶然间与百兽之王四目相对的话也是足以引起一阵心跳加速的。老虎总是习惯于在森林中游荡、搜寻猎物，在自然环境下每天的活动范围可以多达十几千米，而老虎们又是相当害怕炎热的，所以良好的遮阴和隐蔽空间也是很重要的。虽然动物园中没有这么大的场地完全媲美自然条件，但是虎山中茂密的植被、蜿蜒的道路，提供了丰富的躲避、隐藏、栖息空间，能够最大限度地模拟野外生境，基本满足了老虎的生存需求。当然了，因为老虎习惯于傍晚出来活动觅食，所以白天总是懒洋洋的，植被一丰富就更不容易找到它们了（图 2-12），请在动物园中参观老虎的时候多点耐心，因为了解动物、尊重它们的生活习性也是热爱动物的表现哦。最后，怎样才能在动物园中保持老虎顶级食肉动物的天性呢？老虎家中许多的奇怪设施就是关键所在了，麻袋、PVC 管、藤球等被沾上其他小动物的尿液或者生肉中的血液，能够刺激老虎扑咬、追逐，在一定程度上保留其野性，不至于完全沦为饭来张口的大猫。

图 2-12　在虎山中游戏的东北虎

再来看一看另一类食肉大家伙们的家。由于熊科动物都是攀爬高手，爬树、爬矮墙都不在话下，所以它们的家门口都有巨大的 V 形干壕沟用以与游客隔离，黑熊、棕熊家里的壕沟可以达到 5 米宽、4 米深。所有的熊都很聪明，它们善于探索又有很强的学习能力，因此在设计它们的家时最重要的就是集中考虑丰容设计方面，必须营造丰富的环境变化，特别是地面铺垫物的丰富多变，这样这些大家伙们才能住得开心、玩得愉快。熊的家里有很多不同的垫料池，它们就是一个个圈起来的小池子，有的里面堆满了泥巴，有的里面则堆积了好多木屑、稻草，还有的里面是满满的水。不同的垫料池满足了熊不同的需求，既提供了舒适的栖息环境，又可以成为它们藏匿食物的场所，大熊们灵活地在水池中洗澡冲凉，在木屑堆中找寻饲养员藏匿的好吃的，在泥巴地里翻滚玩耍，充分释放天性，鼓励它们展示出更多的自然行为。

猫科动物中的其他几种动物的家又是什么样的呢？来看看豹吧。豹通常都被单独饲养在有封顶的展示环境中，它们极善于攀爬，所以家里的屋顶就不能太低，都至少有 5 米高呢。再来看看家里的摆设吧，虽然它们的家远没有同为豹属的老虎来得大，但是家里内有乾坤，复杂程度一点都不比虎山差。家中的上层空间被许多大的石块和木质的栖架所占满，石头和大树干构建起丰富的攀爬和休息空间（图 2–13），使动物所栖息的位置可以高于游客的视野，很好地减少了来自游客的视觉压力，因为这种以速度和攀爬能力著称的大猫也是一种非常害羞的动物，长时间地暴露在游客的目光之下会给它们带来很大的精神压力。笼舍内的环境丰容也是非常丰富的，配合动物园当地的气候特点种植大量的绿色植物，枝叶繁茂的乔木能够很好地起到遮蔽和隐藏的作用。

图 2–13　金钱豹喜在高处休息

再来看点可爱的食肉动物。小熊猫非常善于攀爬，能够耐受低温却又很怕热，它家里的特别之处都是为了适应自身量身定做的，外活动场有宽阔的壕沟和游客隔离，背面又是高大的土墙防止这些攀爬高手逃逸；活动场中则是相当多且复杂的植被，植被间再用天然或人工的树干构建空中通道；空中的栖息场所能完全满足小熊猫这种极度喜爱攀爬的食肉动物的需要，天气稍微一热它们更是可以躲在树荫里睡上一整天的大觉（图 2–14）。当然，为了能让小熊猫多活动活动，我们也是有很多办法的，在它家里两棵树之间安装了绳梯，摇摇晃晃的绳梯就成了它们最爱的玩具，来来回回走个不停。地面上则放置了很多的喂食器，竹筒里、树叶里、池子里都藏了好吃的，诱导它们偶尔也下树来活动活动好让游客们能够一睹芳容。小熊猫由于非常怕热，一般超过 25 ℃就开始觉得不舒服了，所以它们家里还需要有内室，内室里的电扇可以用于通风和降温，在夏天还会放上很多的大冰块以保证室内的凉爽。

图 2–14　小熊猫的纳凉架

另外，还有一种可爱的食肉动物——细尾獴，它们来自遥远的非洲，沙漠里异常干旱，生存条件恶劣，所以它们学会了群体生活、共同协作，对这样的群体物种当然家里得足够大、足够复杂，坚硬的沙土地面配上随意放置的岩石、仙人掌、人工的洞穴和岩体（图 2–15），典型的非洲荒漠景象能够很好地给游客带来浸入式参观的感受，看的不仅仅是动物本身，而是与之相适应的整个自然生境。细尾獴还有一个最大的爱好，就是打洞，所以为了防止有“彻地之功”的动物逃逸，场馆沙土层的底部都铺设有钢丝网片，而且在各处洞穴也要用塑料管道加固，防止坍塌。

图 2–15　细尾獴的活动场

食肉动物还远不止上面提到的这些，它们的家都有着各种特别之处。虽然同样以肉类为主食，但是来自五湖四海的动物们有着自己不同的需求，对于环境、对于丰容都有它们自己想要的样子，它们的家它们自己来做主。动物园要提供的家就是从动物的需求出发，结合它们自身的行为特点和原栖息地的自然生境构建既能够满足动物福利又有良好展示效果的动物展区。

小问题

1. 熊的垫料池里可以放些什么？

答：__________。木屑、泥巴、水

2. 为什么动物园中的豹子总喜欢栖息于高处？

答：__________。

因为栖息位置高于游客的视野能有效减少来自游客的视觉压力

3. 小熊猫在温度高于多少时就会开始觉得不舒服？

答：__________。25 ℃

4. 细尾獴最大的爱好是什么？

答：__________。打洞

带你拜访有趣的食草动物之家

陆玉良

看到隔壁鸟类之家里大家热烈的议论，食草动物们忍不住也比较起来，长颈鹿说：“我家的房子很高，很宽敞。”亚洲象笑着说：“要说宽敞，我的家才叫宽敞，我这么庞大的身躯，住进去都感觉很舒服，我还有一个巨大的活动场，可以活动筋骨。”梅花鹿接茬说：“谈起活动场，我家有个‘巨大的跑马场’，一群小伙伴们捉迷藏都没问题。”瞧瞧，与鸟类之家里的小伙伴一样，都各自夸耀起自己的家来了。食草动物之家真有那么好吗？让我们一起来瞧一瞧。

在动物福利中有这么两条：动物享有生活舒适的自由，为动物提供适当的房舍或栖息场所，让动物能够得到舒适的睡眠和休息；动物享有表达天性的自由，为动物提供足够的空间，适当的设施及与同类伙伴在一起。在动物园里，这两条福利的基础就是要有适宜的场馆，我们现在就来聊聊动物园里是如何营造动物场馆的，尤其是食草动物场馆。食草动物通常是指专门以植物作为食物的动物，由于植物通常不能借行动躲避动物取食，很多食草动物又有躲避天敌的需求，所以食草动物设计场馆时需要考虑的因素一点也不亚于食肉动物。动物园动物馆舍设计的原则就是要回归自然，亲近、关爱、保护动物，动物园在为食草动物们营造它们的小窝时，参照了动物栖息地的自然环境设计动物的“家”，让它们有回家的感觉。通常要结合地形地貌，根据动物的生活习性及其珍贵程度、群众的喜爱程度及食用同类饲料的动物靠近安排等来布置动物展出。

动物园一般是动植物都比较密集的地方，根据动物的生活习性及原产地的生态环境，通过改善馆舍和动物运动场的绿化环境，利用现有条件最大限度地模拟野外生存状态，浓缩、营造动物野外生存环境，以便增加其行动范围和空间，增加动物觅食难度，刺激动物嗅觉、视觉、听觉等感官；营造适合动物活动、繁殖的场所，减轻动物的压力，可以帮助动物减少刻板行为的发生，直至这些行为消失；提高其生活的舒适度，让动物有回归自然的感觉。例如，我们动物园最高的动物长颈鹿，它们生活的场馆，高度也会适当增高以免长颈鹿产生压抑感，同时长颈鹿室内采食的平台也有3米多高，不仅便于它采食，也方便长颈鹿保育员们随时查看长颈鹿的状态（图2-16）。

图2-16　长颈鹿的采食平台

环境丰富后，动物福利得到很大提高，生活环境得到很大改善。但馆舍生态化使动物犹如置身于大自然环境中，动物和植物之间的亲密接触，一些矛盾由此而生，最主要的就是植物保护问题。由于动物和植物的亲密接触，馆舍面积有限，因此动物对植物的破坏是一个严重的问题，如啃食树皮、树枝、嫩芽、树叶、种子、果实等，使植物的正常生长受到严重影响，甚至导致植物死亡，严重影响了馆舍的观赏效果。例如，大熊猫等动物喜欢攀爬、啃食树枝，导致树木生长不良或死亡。我们前面提到的长颈鹿也存在类似情况。在长颈鹿活动场馆，植被通常比较稀疏，树木枝叶都处于较高位置，低矮处的枝叶都已沦为长颈鹿的食物，景观植被和长颈鹿之间只能通过铁丝网进行隔离，避免被长颈鹿采食。同样的情况也出现在其他很多食草动物中，如盘羊、袋鼠等。这些地方有一个共同点，活动场上很少见到绿色植被。原因无他，都被嘴馋的食草动物吃掉啦！食草动物馆舍建造时还会考虑到将生活环境与习性相似的食草动物进行混养，在动物园里的食草展区就是如此，在这里我们尽可能地模拟野外生态，模拟温带地区食草动物的原生环境，将梅花鹿、盘羊等进行混养，展示野生状态下动物群落关系，既可以向大家阐述生物多样性的意义，也增加了观赏效果。食草混养区因为面积较大，以视觉无障碍的方式向游客们展示了食草动物的自然生存状态。考虑到在野外生活时，食物、水、隐蔽条件是生境中 3 个重要因素，所以食草混养区动物活动场内设有水池、灌木丛，场内布置树木、山石、遮阴篷和食物带。梅花鹿、盘羊这样的动物大多生活在广漠的大草原或丛林中，所以，在造园时力求再现它们真实的生活环境，混养区里各种动物可以自己划分活动区域（图 2–17）。

图 2–17　混养食草动物区域

与食肉动物场馆不同，通常食草动物观赏区在动物隔离、安全设备方面尽量使用无视觉障碍的壕沟、电网、玻璃等设施，在保证安全的前提下最大限度地减少人与动物之间的视觉屏障（图2-18）。在设计馆舍时，会为游客留下足够的参观空间，让他们参与其中，真正感受到自然群落分布的魅力。实践证明，许多动物园中，充足的食物和饮水及良好的栖息环境对动物有较大的吸引力，即使一些个体逃跑出去，由于找不到更好的栖息环境条件，又会自动返回。

图 2-18　旋角羚活动场的自然生态隔离带

食草动物的家园在建造时不只是布置能让游客感到“天然”的场景，更要从动物天性的需求出发，为动物营造其栖息地的生态景观，让它们尽可能表现出在野外的自然行为。其中，比较重要的一点就是躲避天敌。多数情况下，动物对与原栖息地有相似性状的物体有最快速的心理认知，同时也能产生最大限度的心理依赖感。例如，生活在澳洲的袋鼠，喜欢相对干燥炎热的气候，所以在营造袋鼠馆时，就选择了采光好的坡面，笼舍采光也较好（图2-19）。再如，盘羊通过攀爬来采食和逃避天敌，为盘羊建造小窝时，我们就特意建了段小悬崖，同时搭建了看似凌乱实际上层次分明的木头堆，方便盘羊登高。

图 2-19　袋鼠的活动场

营造一个舒适的食草动物之家，不仅仅是“硬设施”要完善，一些“软设施”也要跟上，这也就是我们常说的丰容啦。我们这里主要说一说环境丰容。拿动物园体形最大的食草动物大象来说，既要准备足够大的泳池，来满足它戏水的要求，又要准备大量的沙土，让它能够自在地玩耍，通过类似的丰容来提高动物的生活质量。

动物园通过精心规划设计，兼顾动植物特点，综合了如动物学、建筑学、生态学等多学科优点，找出最佳结合点，不仅为食草动物，也为包括食肉动物在内的所有动物，营造了舒适的生活环境，实现了人类、动物与自然的和谐共存，建设了美好的生态家园。

小问题

1. 食草动物活动场里植被通常很稀少是因为食草动物数量比较多，经常踩踏破坏。对吗？

答：____________。错

2. 食草动物是专门以植物作为食物的动物。对吗？

答：＿＿＿＿＿＿。对

3. 大象活动场所里尽量采取沙土地面，减轻大象四肢负担，同时让它能自由玩耍。对吗？

答：＿＿＿＿＿＿。对

熊出没，动物有危险

姚可侃

在拜访动物之家以前，老师正在给小朋友们讲解需要注意的安全方面的问题。“动物园里能有什么危险？”妞妞不解地问道。老师摸了摸她的小脑瓜，语重心长地说：“动物园里当然也有危险啦！虽然动物都在场馆里不会跑出来，但是去动物之家做客是很有学问的，如果不注意就会带来危险。”“哦！是和动画片《熊出没》一样会有熊大、熊二出来让我们不要做不正确的事情吗？”“哈哈，当然没有熊大、熊二了，不过就像熊出没一样，动物园里的动物也有危险，正确、文明的参观方式才是规避风险的最好办法。”

的确，动物园中的动物各有各的可爱，许多凶猛的动物在笼子中看起来也似乎并不是那么的面目狰狞，但不要被这些假象蒙蔽了双眼，动物园中饲养的都是实实在在的野生动物。如果没有一颗敬畏的心，偏离了正确的参观方式，那么风平浪静之下也同样隐藏着许多的危险因素——熊出没，动物有危险！

爱心泛滥

相信大家来到动物园之后，出于好奇，与动物最多的“沟通”方式便是向动物们花式投喂各种各样的食物，也正因为如此，使得园内许多动物尤其是贪吃的动物养成了伸手向游客讨要食物的不良习惯（图2-20），长此以往形成了恶性循环——动物想吃，游客多喂。其实这样

图 2-20　棕熊改变自然行为向游客乞食

的行为举动不仅给动物带来了不良影响，也给游客自身埋下了些许隐患。动物园的动物每天会有固定量的饲料，保证了它们每天食量及所需的各种营养。游客过多地投喂，特别是各种零食，会打破动物原本的膳食平衡，而且零食多为垃圾食品，会给动物的肠道消化带来一定压力，严重时会造成其食欲不振、消化不良，产生对原有饲料的厌食情绪，甚至食物中毒，造成生理疾病等。对游客自身来说，动物园许多笼舍是开放或半开放式的，游客有许多近距离接触动物的机会，在投喂时不注意、不留心，就会被动物们锋利的爪子或牙齿伤害，而有些调皮的动物如猴子等，当你把食物从铁丝网中塞入时，它们偶尔可能会“开心过度”地将你的手指抓住，那后果可就十分严重了，轻则皮外伤，重则有可能扭断手指。

因此，在参观时，除了动物园竖立禁止投喂的标牌，做到一定的提醒告知的义务外，游客自身也应树立起文明参观的理念，不要投喂食物，不要把动物看作随意戏弄的宠物，这样既伤害了动物也容易将自己置于危险的境地。虽然很感谢你们的爱心，但是动物们都有自己的科学食谱，让它们好好吃饭才是对它们最好的爱护。

童心未泯

除了投食，游客还会用各种方式“逗乐”动物们。例如，对其做出形态各异的动作，发出各种各样的叫声，此时人们仿佛也变成了动物，上演了生动的“表演秀”。在我们人类的脑海中，这些动作与叫声有一定含义，可是在野生动物的脑袋中，说不定有另一层意味。人们的行为与大声喧哗打破了环境的安静和谐，更在一定程度上会激怒动物，一旦野生动物发起火来“回应”你，那可不是闹着玩的。例如，猩猩这种聪明的动物，在你手舞足蹈的同时，也会模仿你，那家伙可是堪称大力士的，经常会用口水、石头、树枝等“招呼”你，受到它“攻击”的游客还不在少数。正是因为游客一定的刺激行为，导致了动物们的“回礼”，若是因为您的“奇特 hello 方式”，而遭受了“飞来横祸”，这时候可不要一味地指责动物们哦，好好地思考一下正是我们对动物不尊重和戏谑的态度才导致了这些不愉快的结果。请记住动物园是联系野生世界和人类生活的纽带。

我要靠得更近

动物园中，某些展区如马、蛇、鸟等会开展近距离抚摸动物或与其拍照的项目，能够更好地满足游客们直接零距离参观动物的意愿。但是此类活动中，隐约会有一定的危险存在。有些游客特别好奇或喜爱某种动物，便会对身边的动物做出贴近嘴巴或靠近眼睛等“亲昵”动作，且不说如此近距离不免有病从口入的危险，若是一旦“沉闷”的动物“觉醒”，冷不丁地“亲”你一下，那后果也是不堪设想的。过去动物园曾经发生过和猛兽拍照时，游客被咬伤的案例。

所以，游客在参与此类活动时，一定要听从管理人员安排，同时要保持一颗敬畏和警戒之心，不要做出过于猎奇的举动，以免激怒动物导致不必要的伤害发生。动物园在开展项目时，必须事先保护游客的人身安全，提前做好保护隔离措施。

不走寻常路

有些好奇心爆棚的游客总是喜欢不走寻常路，殊不知这其实是非常危险的一种行为。动物园中的道路分为游客参观通道和工作人员通道，工作人员通道往往连接着动物后场和操作区域，擅自越过警示牌进入工作区域不但会给工作人员的工作带来很多干扰，一不小心还有可能面临踏入动物展区的危险。此外，翻越展区围墙、跨越壕沟、攀爬栏杆等企图和动物来个亲密接触的行为都是绝对禁止的（图 2–21）。毕竟动物园中没有完全“温柔”的动物，任何可能被认为是有侵略性的行为都会引起动物的激烈反应，毕竟兔子急了也会咬人呢，千万记住不要去尝试越界。

图 2–21　游客的不良习惯

请一直记得，动物园中展出的都是野生动物，它们来自世界各地，生活的地方从野外栖息地转变为动物园，但是这并没有改变它们野生动物的本质。动物园只是一个窗口，在这里能够见到许许多多被隔绝在人类社会以外的野生动物，或许是非洲草原中的，或许是山地密林中的……通过动物园不同展区的展示能够直观地感受到它们的存在及它们存在的形式。所以，动物园中的动物们不是可以宠溺逗乐的，请从野生动物的视角，以正确的态度去尊重它们，以正确的参观方式去观赏每个展区中不同动物的各种姿态。动物们愉快地跳跃奔跑，它们呆萌地酣睡，它们大快朵颐……这些都是生命的姿态，与你我一样，它们深刻而有意义地活着。

小问题

1. 游客投喂为什么会有害动物健康？

答：＿＿＿＿＿＿。

动物园的动物每天会有固定量的饲料，游客过多地投喂，特别是投喂各种零食，会打破动物原本的膳食平衡，会给动物的肠道消化带来一定压力，严重时会造成食欲不振、消化不良等

2. 游客什么样的行为会激怒动物？

答：＿＿＿＿＿＿。逗弄、大声吼叫等

3. 猩猩的哪些行为是通过模仿游客的不文明行为而学习到的？

答：＿＿＿＿＿＿。吐口水、投掷杂物

4. 游客只能在什么区域参观动物？

A. 游客参观通道　　B. 工作人员通道　　C. 所有区域

答：＿＿＿＿＿＿。A

第三章 动物心里话

我比想象中更脆弱

马冬卉

保育员叔叔陪着妞妞小朋友参观动物园，第一站就直奔熊猫馆。里面的场景“拖住”了妞妞的脚步，看起来还很新鲜的竹叶却被保育员们全部清理出去了，重新换上了新的竹叶。妞妞不解地问道：“为什么这么新鲜的竹叶就不要了呢，放在那里让它们慢慢吃不好吗？”面对好奇的小朋友，保育员叔叔开始耐心地为她讲解起其中的缘由。

在自然环境中，动物面临着许多威胁，寒冷、食物、水源、天敌等，任何一个小的失误都有可能让它们见不到明天的太阳。这绝不是危言耸听，就像熊猫吃污染过的竹叶会导致生病乃至死亡（图 3-1）；狮子在自然界中也可能因为捕猎野牛、长颈鹿而受伤死去，落单的母狮会被鬣狗抢夺猎物，年幼的小狮子可能因为疾病或者其他成年雄狮的攻击而丧命……

图 3-1　大熊猫吃的竹叶都是新鲜采摘的

身处 21 世纪，我们不得不面对这样一个现实——完全不被当代人类活动影响和染指过的物种栖息地可以说基本已经不存在了，成千上万的动物都面临着生存危机。许多动物园担当了为失去家园的动物提供临时家园的重任。在现代动物园里，动物们有安全的生存环境，保育员不仅要管它们的吃住，还要操心它们的身体健康、心理问题，甚至还为它们规划家族发展和后代延续问题。一个好的动物园，就是要满足动物的各种需求，在让动物健康快乐生活的同时，进行野生动物科研和保护教育工作，构建起人与动物自然和谐相处的桥梁，使动物园真正成为游人的乐园、动物的家园。

面对如此脆弱的动物们，我们就去看看动物们对动物园都有哪些需求吧。

首先，民以食为天，动物也一样，想让动物们满意，吃得一定要好。对所有动物来说，生存和繁衍是它们生命最重要的命题。要生存首先就是要吃饭。野生动物一生大部分时间都是在吃东西和去吃东西的路上度过的。所以，吃是动物们最基本也是最重要的需求之一。

以亚洲象为例，野生亚洲象主要吃草、树叶、嫩芽和树皮等。但是这些食物的能量有限，而且它们的消化系统效率并不高，只有 40% 的食物可以被吸收，其余的 60% 都被直接排泄出去了。为了保证成长和日常活动的需要，它们 1 天有大约 16 小时都在吃东西。

“诺诺”是生活在杭州动物园的一头成年亚洲公象，是个重达 5 吨的大个子。作为一个大胃王吃货，“诺诺”对吃的要求已经远超野生同类的“喂饱自己”这一目标，向着“美食家”的境界进发了。它每天的食物不仅要求保证数量，还要求种类丰富，口感上佳。饲养员给“诺诺”的主食是青草，由动物园饲料基地种植采收，保证新鲜健康无污染。在冬天青草供应不足的时候，则选用优质羊草、燕麦草等干草代替。“诺诺”每天要吃掉约 200 千克的青草，这些青草、干草富含蛋白质，能有效保障大象的蛋白质需求，同时大量的纤维素能促进大象胃肠蠕动，保障胃肠健康。但是单一的食物总是难以保证营养的均衡。更重要的是，作为一只对美食有着追求的亚洲象，怎么能满足于简单的青草、干草呢？为此，动物园给“诺诺”的食谱里还添加了香蕉、胡萝卜等蔬菜水果作为零食来补充微量元素，添加了竹叶、芭蕉叶等鲜树叶来给它换换口味，添加了杂粮窝头、豆粕等来补充能量……力求全面均衡，从营养、口感、丰富性等各方面满足“诺诺”对吃的需要。

对亚洲象如此，对其他动物也如此。金丝猴每天能吃到 3 种以上的树叶，各色时令水果蔬菜，花生、瓜子等坚果也不难得到；熊猫每天能吃到大量的新鲜竹叶、竹笋，还有窝头当点心慢慢啃；老虎、狮子等肉食动物有鸡肉、牛肉；蛇有小白鼠、大白鼠；鸟类根据食性不同提供大小不同的鱼，还有香蕉、西瓜、葡萄、火龙果等水果（图 3-2），另外还有青菜、玉米、瓜子、面包

图 3-2　鸟类的丰富食物

虫等可供选择。可以说，只要是动物需要，动物园就尽可能地满足。

其次，要求动物园能提供更接近原栖息地的生活环境。动物园里汇聚了来自世界各地的动物们，它们对生活环境的要求也各不相同。为了让它们在杭州也能生活得舒适健康，动物园要努力为它们营造合适的生活环境。如熊猫，生活在四川高海拔的竹林里，那里温度常年低于 20 ℃，它们有着厚实的皮毛，圆滚滚的可爱身体里有着大量的脂肪，能够抵御寒冷，因此熊猫不惧寒冷。但是杭州的夏天气温可达到接近 40 ℃的高温，这时候熊猫的感受，就像是人在大夏天还穿着棉衣的感觉，怎一个“热”字了得！这就到了考验一个动物园和它的保育员是不是尽心尽责的时候了。空调 24 小时不间断地开起来，让熊猫馆舍内的温度维持在 20 ～ 30 ℃的水平。各种解暑的瓜果、冰块也要时常准备着，让熊猫小可爱能时不时吃点解解暑。又如长颈鹿，生活在炎热的非洲草原，适应了那里的气候。它们的皮毛是稀疏且短小的，在炎热的环境下有利于散热，但在寒冷的冬天，这身装备就不合适了。因此，在冬天就得给长颈鹿营造一个温暖的环境。

除了温度以外，野生动物还有很多其他的环境要求。例如，细尾獴、豪猪之类的动物喜欢打洞，在洞穴中生活，这就要求动物园饲养的时候提供能够打洞的沙土等介质；灵长类的动物一般都生活在山间或者丛林里，擅长攀爬跳跃，保育员就需要搭绳梯，做爬架，满足它们攀爬运动的要求（图 3-3）；有些动物天生胆子小，容易

图 3-3　黑猩猩的运动场

受到惊吓，它们就要求动物园能提供一定的隐蔽场所，让它们在受到惊吓的时候能够有个躲藏的地方；大型的食草动物运动时四肢容易受伤，对地面的要求就比较高，喜欢比较柔软的沙土或者草地等。

这样的例子很多，不同地域的不同自然环境，培养出了动物不同的习性，对动物园也产生了不同的要求。这时候，就要考验动物园人的想象力和创造力，在当地现有的环境基础上，尽可能地为动物创造更接近其栖息地的生活环境，减少动物生活的压力。

最后，对动物来说，心理健康也是一样重要。没错，与人一样，动物也会出现心理健康问题。对动物园来说，解决动物的吃、住问题有时候并不困难，满足动物的心理需求才是大麻烦。对生活在动物园里的动物来说，食物有人送，有舒服的窝，还没有敌人的威胁，完全感受不到生存的压力，但这往往并不是好事。人工饲养极大地减少了动物在获取食物上耗费的时间和精力，这使得它们的空闲时间骤然变多；同时，人工饲养空间有限且较为固定，动物接受不到新鲜事物的刺激，日复一日地面对着相同的环境，变得无事可干。两相叠加，动物就容易出现精神问题。简单来说，就是无聊久了容易抑郁。因此，就要我们的保育员经常给动物们来点新鲜的刺激，给动物们找点事情做。例如，把食物藏起来或者放在不能轻易拿到的地方，让动物自己慢慢想办法得到食物；也可以给动物带点新鲜的东西，如球、纸盒、管子之类让动物感兴趣、愿意去碰触的东西。有时候，给动物换个新邻居，或者制造一些陌生的气味和声音，也是一个不错的法子。

所以，生活在动物园内的动物们，远比大家想象的更脆弱，要给动物打造一个能健康舒适生活的家也不是一件容易的事情啊。

小问题

1. 大熊猫怕冷吗?

答：____________。不怕

2. 大象的主食是什么?

答：____________。青草

3. 动物也会有心理健康问题吗?

答：____________。会的

我的家能由我做主吗？

杨　洁

走过好几处场馆后，保育员叔叔尝试着问妞妞：“你知道为什么老虎的家中长了那么多的灌木和野草，大象的运动场中有一个巨大的池塘吗？”妞妞认真地想了会儿，然后伸伸舌头不好意思地告诉保育员叔叔自己不知道。对于这个问题，你们又知道多少呢？还是由动物们自己来回答吧。

在野外，不同的栖息地、不同的温度气候、不同的地形地貌都有着独特的动物生存着；热带雨林、稀树草原、高山草甸、亚热带森林等都不会缺少动物的存在。动物们以自己的方式生活着，那里就是它们的家，它们就是那片土地的主人。

那么来到动物园以后，动物们对于自己的家还能做主吗？还能拥有自己习惯的栖息环境和适宜温度吗？

或许你对于动物园的印象还停留在过去老式笼舍的模样上，千篇一律的铁丝网和水泥地，这样的场馆的确不能由动物自己做主。可是，对于一个现代动物园来说，最大的改变就是能够让动物自由地选择它们的家应该有的样子，从动物自身需求出发，结合当地实际环境，尽可能地提供接近野外环境的展区条件，适宜的温度、契合的植被环境、合适的面积大小、能够充分展现自然行为的丰容设施，有了这一切才能让动物们真正开心快乐起来，毕竟自己做主营造的家才是最称心如意的。接下来听动物们自己讲讲，它们都是怎么在自己家里当家做主的吧。

珍贵鸟类的场馆里，红嘴巨嘴鸟和凹嘴巨嘴鸟成了伙伴，其乐融融地生活在一起。只见它们在笼舍栖架上跳来跳去，树荫底下乘凉，偶尔把玩下宽大的芭蕉叶，相互追逐玩耍，貌似对自己的家很满意（图3-4）。鸳鸯池内，清澈的水中生活着许多的鸳鸯，还有一对疣鼻天鹅，它们的窝做在池中的小岛上，小岛周围种满了绿植，给予在岛上做窝的天鹅们更多的隐蔽空间，这样它们才能放心地产蛋和孵化小宝宝。

图3-4 巨嘴鸟的纳凉架

羚羊馆里，一个约200平方米大、植被丰富的草坪上生活着一整个旋角羚家族。自然营造的稀树草原风貌显然非常受它们的喜爱，它们肆意地奔跑，自由地栖息（图3-5）。草地四周自然搭建的树木堆叠成形，又完美地成为羚羊们磨角蹭痒的工具，有了这样一个舒服的家，旋角羚家族正旺盛地繁衍着后代，维持种群的茁壮成长。

图3-5 羚羊馆宽敞的运动场

珍贵猴房里，环尾狐猴正坐在岩石上晒太阳。只见它双腿盘坐着，双手自然摊开，紧闭双眼，活像一副正练气功的模样（图 3-6）。当我们经过它跟前时，环尾狐猴微微张开眼睛，像是在说："不要迷恋哥，哥只是个传说！这个家很好，我爱这里！别打扰哥练'绝世神功'。"最开心的是刚搬新家的黑猩猩了。最近才竣工的生态型猩猩馆，从设计到完成历时 3 年，这倾注了许多动物园人的心血。整个外场绿意盎然，虽然和刚果老家的热带雨林稍有不同，但也足够黑猩猩们愉快地玩耍了。内展厅中更是暗藏玄机，遮天蔽日的消防水带织就的大网可供猩猩们攀爬跳跃，假山的平台下面还装有地暖设施，冬天再也不用害怕寒冷的侵袭了。一只黑猩猩正开心地爬着高大的香樟树，一边爬一边眺望远方，偶尔抓着树叶玩，很好地展现了黑猩猩树栖的习性（图 3-7）。

图 3-6　晒太阳的环尾狐猴

图 3-7　黑猩猩的瞭望台

在动物园中，我们动物的家不再需要我们自己动手建立，有一群爱我们的人类，观察着我们的行为，利用我们的生物学特性，为我们构建适合我们的家。当看到我们呆板、无意识地重复固定动作，甚至有自残行为时，爱我们的人类就会重新设置我们的家，让我们健康快乐！虽然这里没有野外的自由，但在这里我们不用担心被猎杀，不用担心疾病的困扰，不会为饥渴发愁，有同伴和玩具的陪伴我们不再孤独，有足够宽敞隐蔽的空间让我们享受私人的区域……还有一群全心全意照顾我们、爱我们的人类朋友。对身为动物的我来说，自己对现在的家很满意，这不是一成不变的地方，说不定明天又会为我添置新家具，欢迎各位来我家参观！谢谢你们，你们的爱和耐心倾听造就了动物园中美好的家。

小问题

对于现代动物园，动物的家能由动物做主吗？动物怎么做主？

答：＿＿＿＿＿＿＿＿。

能由动物做主。动物园必须按照不同动物的需求，为它们提供适合它们的家，有着合适的温度、面积、植被环境，丰富设施等

我要的幸福不只是吃和睡
——谈谈我对丰容的需求

罗坚文

保育员叔叔陪着妞妞继续往前参观，路过虎山。妞妞探头寻找了好久，没看到老虎，保育员带着妞妞仔细地寻找老虎的踪迹。原来，老虎懒洋洋地躲在草丛里了。到了隔壁的豹房，发现有些金钱豹在假山旁来回不停地踱步，一圈又一圈，妞妞忍不住询问："为什么老虎这么懒啊，都不起来活动。金钱豹一直这么转圈，头不晕吗？"保育员仔细地为她解释了原因。

当野生动物被圈养起来的时候，它们的生活就被限制在了一个固定的笼舍里。动物生活在圈养的笼舍环境中与野生环境相比较就会有很多的缺失，往往达不到动物正常的生理或心理需求，这样就会导致动物出现一些不正常的行为。这就是为什么我们去参观一些动物园的时候往往看到的动物都是一副懒洋洋或者来回踱步的模样，这与我们希望看到动物活泼可爱的表现相去甚远，也导致了有些人用石头投掷动物、大声惊扰动物或用食物引诱动物等不文明行为的发生。丰容就是通过对圈养动物的环境进行改造，尽量模仿动物的自然栖息地环境，以刺激动物充分展现出如野外一样的健康行为，从而更好地满足参观者的期望。同时也提高了动物福利，让动物在有限的空间里也能达到心理和生理上的双重满足。

丰容的概念最早在20世纪20年代就提出来了，但被引入中国是20世纪90年代，现在丰容在国内动物园被当作一项动物福利得到广泛推广并实施起来。根据不同动物的实际需要，保育员可以选择任一方面内容进行丰容也可以组合进行，让动物们尽可能地展现健康的自然天性。我们可以设身处地替被关在一个简陋笼舍里的动物想一想，想象一下如果是我们自己住在一个空荡荡的房间内，除了衣食无忧之外，我们会想要一些什么？不同的人答案可能会有所不同，但大致不外乎这样几类：首先可能会想要把房子按自己的喜好装修一下，放上一张大床，铺上木地板，再用一些花草来装点一下，让环境变得更加舒适，这就是环境丰容。其次我们可能会对一日三餐的快餐感到不满意，最好每天增加点小零食，吃上几个水果，偶尔来杯下午茶，或者想换一换口味自己亲手做一顿可口的饭菜，这些就属于食物丰容的范畴了。住得舒服了，吃得也舒服了，突然觉得没有人分享自己的快乐与悲伤，有点孤单了，想要找一个志同道合的人来一起生活，隔三岔五邀请好友来谈谈天，也可能想养一只宠物陪伴自己，就是社群丰容。感观丰容就好像我们不能生活在缺少嗅觉、听觉、视觉等感觉的地方，我们需要不同的刺激，当你闻到邻居家飘来美食的香味而馋得流下了口水，听到打雷就着急把晾晒的衣服收起来，看到精彩的比赛而欢呼雀跃，这样的生活才精彩。

我们知道了动物的需求，就可以通过丰容来给它们枯燥的笼舍生活提供一些惊喜，也能给游客带来动物更真实、更贴近野外状态的一面。下面让我们来看看通过丰容，究竟会给动物带来哪些好处吧。

我们根据动物的不同生活环境来给它们设计丰容：大多数灵长类动物如金丝猴、黑猩猩、长臂猿等都生活在丛林中，善于攀爬，就要在笼舍内多设置一些树杈，空中布置一些交错的绳索，这样相当于增加了纵向空间，大幅增加了它们爬树及在空中飞荡的可能。对于像旋角羚这种沙漠动物，我们就在活动场铺上黄沙，以利于它们在上面奋蹄奔跑，而不会伤了脚。我们给大象的院子里挖一个泥坑，到了夏天的时候方便它在里面打滚，在身体表面糊上一层泥巴，既防暑又防虫蝇的叮咬（图3-8）。我们在虎山里面种上灌木，便于老虎隐藏起来。在细尾獴的院子里堆上厚厚的泥土，它们就会在泥堆里打洞，营造属于自己的小家，外面一有风吹草动就可以马上钻进洞穴里去。

图 3-8　亚洲象的泥浴场

野生动物每天要花费很多的时间和大量的精力去采食和捕猎，而动物园里的动物会因为衣食无忧而变得无所事事，长期定时饲喂也会使动物形成生理时钟，平时懒洋洋的，到喂食时间才会兴奋起来，所以需要通过食物丰容让动物有事做，并且活动起来。我们会采取一些措施，增加动物的取食难度，不停变换饲喂时间，去消耗这些无聊的时光。对于一般的食草动物如袋鼠，我们会将食物分散放置在笼内的不同地方，让它们自己去寻找（图3-9）。我们给鹦鹉提供不经过精加工的食物，如带壳的葵花子，让它们自己嗑开瓜子壳取食，延长取食的时间。小熊猫非常喜欢甜食，特别爱吃苹果，但是吃多了就会对主食竹叶失去兴趣，这样对健康没什么好处。因此我们严格控制苹果的饲喂量，当小熊猫生病或身体内长寄生虫需要吃药时，我们就可以利用它对食物的喜好，将药片嵌入苹果中给它们喂进肚子里。对于聪明的黑猩猩，我们的食物丰容会相对复杂。例如，在丰容球或树洞里装上小块水果，配上几根小木棍，让黑猩猩拿木棍将食物掏出来，让它们利用工具锻炼手脑的协调性。

图 3-9　袋鼠的取食平台

动物也有情感，需要与同类交流互动。动物园极力避免饲养单个的动物，尽量安排成对、成群饲养。这样我们就可以看到一大群的火烈鸟站在水池里将水面染成一片红色；游禽湖里，一对黑天鹅相视对望，两根弯曲的长颈勾画出一个美丽的心形；猴山内的猴子追逐嬉闹，相互理毛（图 3-10）；在食草苑，梅花鹿、盘羊、马鹿等不同种的食草动物在一起和睦共处。

图 3-10　相互梳理的猴子

圈养的食草动物失去了天敌，食肉动物也丧失了捕猎的机会。长期处于这样的环境下，动物的一些行为也会缓慢退化。为了让动物保持这些行为，保育员也在感观丰容方面做了不少尝试。例如，给食草动物播放天敌的吼叫，让它们保持警觉。

以前有动物园为了训练猛兽的捕猎技巧，把活鸡、活羊放入狮、虎的笼内，让它们去猎杀，大多数活物都被咬死了，但也有出人意料的结果发生——老虎不仅没有吃掉小羊，还把小羊当成了伙伴。现在动物园为了避免这种血腥的场面呈现在游客面前，而尝试将猎物的血液、皮毛或粪便放入猛兽的活动区域，让散发出来的气味去刺激猛兽的嗅觉。有些动物如大熊猫、黑猩猩等从小就被人工饲养，许多行为不能从同类处学习到，到了成年需要繁衍后代的时候不知道该如何做，保育员就会播放它们同类繁衍的视频给它们学习，以激发它们的本能。

对于动物丰容，永远需要从动物的角度出发，让动物来发声“说”出它们对丰容的真实需求，我们保育员需要做的就是通过行为观察细心地解读动物的发声，然后努力地满足它们的各种需求，让动物们真正地快乐起来。

小问题

1. 丰容可以分为哪几种？

答：__________。 环境丰容、食物丰容、社群丰容、感官丰容

2. 给黑猩猩工具让它们从丰容球中获取食物，这属于什么丰容？

答：__________。 食物丰容

3. 保育员可以完全按照自己的想法来进行丰容工作，这样说对吗？

答：__________。

错误。需要从动物的实际需求出发设计丰容方案

我们不害怕拍照但我们害怕闪光灯

张秀秀

行走在两爬馆长廊内，妞妞留意到长廊内一个奇怪的标志，询问保育员叔叔后才了解到，原来这是禁止开闪光灯拍照的标志。既然动物园是供游客们参观游览的公共场所，为什么不可以开启闪光灯拍照呢？为什么动物园的动物不害怕拍照却害怕闪光灯呢？妞妞好奇极了。

大自然中充满着各种光线，对照片的层次、色调、气氛都有很大的影响。当光线不足时，使用方便并且色温接近自然光的闪光灯就派上了用场。闪光灯是一种补光设备，它可以保证在昏暗情况下拍摄画面的清晰明亮，在户外拍摄时，可用作辅助光源，调整皮肤的色调，还可以根据摄影师的要求呈现特殊效果。它的特点是快和强，光线是以强光形式瞬间出击，它的光照强度堪比晴天中午时分的光照，甚至比之更强。美国某公司的一项实验表明，手机闪光灯 0.1 毫秒内在距离 1 米处产生的光照强度足以匹敌太阳。

动物们的眼睛通常位于面部中央且前视，这样可以产生重叠的视角以形成立体视觉，从而能够精确地定位猎物。它们的眼睛虹膜在光线弱时可以完全打开增大瞳孔，使得更多的光线可以进入，并且眼睛视网膜上有着非常多感光灵敏度高的视杆细胞，以满足弱光下的视物需求。正是由于很多夜行动物具有如此非凡的弱光视觉，在夜里突然出现在它们眼前的强光源自然而然也就成了一种极强的干扰！有研究表明，这样的强光将会导致它们头晕目眩而无法视物，需要近 15 分钟甚至更长的时间才能恢复视力。

动物有发达的听觉及嗅觉系统，并有特别用以适应晚间活动、低光环境下的视觉系统。它们的眼睛很容易被强光刺伤。现在很多游客的摄影装备很高级，尤其是闪光灯，特别刺眼。动物敏感的视觉系统会受到闪光灯强光的刺激，轻则影响其正常的生物节律，造成动物发育不良、内分泌失调、打乱动物的发情期；重则对动物形成威胁，使其表现出狂躁的行为，导致动物伤害幼崽，甚至有些时候可能具有攻击性，威胁游客和保育员的生命安全（图 3-11）。

图 3-11　闪光灯对动物的危害

某动物园的虎妈妈吃掉了 3 只小虎崽。小虎崽出生后的十几天内，每天都有二三十位游客前来虎舍旁拍影留念，老虎对红色灯光特别敏感，由于长期受到闪光灯的刺激，造成其情绪紧张而烦躁不安。

一家水族馆的热带鱼频繁死亡，有专家认为是游客过度使用闪光灯所致。专家分析称，热带鱼所处的环境原本比较阴暗，如果使用闪光灯，会将它们吓坏，它们在躲避闪光灯的过程中会撞到鱼缸，从而导致死亡。

类似的报道在报纸、电视等媒体上屡见不鲜，也许闪光灯只闪烁了转瞬即逝的千分之一秒，但是对动物园里动物的影响却可能远远超乎我们的想象，那么闪光灯到底会对动物产生怎样的影响呢？

动物作为生态系统的重要组成部分，对气候和环境的变化相当敏感，闪光灯作为强光照、强辐射，可引起动物强烈的应激反应（指机体在受到体内外各种强烈因素刺激时，所出现的交感神经兴奋和垂体——肾上腺皮质分泌增多为主的一系列神经内分泌反应，以及由此而引起的各种机能和代谢的改变）。闪光灯的强光对动物来说是一种外来强烈刺激，使其极度兴奋，狂躁不安，攻击性增加，或者精神沉郁，活动量减少，生理机能减弱，严重的可致死亡。此外，闪光灯的强光可以灼伤幼龄动物的眼睛，造成动物不可复性失明。

总之，闪光灯的强光对动物危害严重。一方面，会造成机体伤害，即灼伤动物虹膜，造成不可复性失明；另一方面，使动物产生应激反应，危害自身安全，同时威胁游客和保育员的生命安全。所以扪心自问，一张所谓的“抓拍精彩美图”，真的会比动物们的安静生活和繁衍生息还重要吗？

动物对于我们人类来说，既是朋友也是家人，它们也是大千世界的一分子，更是生态系统乃至食物链中不可或缺的一部分，所以我们有责任保护好每一种动物，让它们快乐生活。此外，为了让小朋友们从小树立保护动物、爱护大自然的理念，为了不让悲剧发生，作为榜样的我们，在拍照的时候请自觉关掉闪光灯，保护家人，呵护动物，共同营造美好的游园环境！

小问题

1. 没写禁止拍照的地方，拍照时开闪光灯就没事。这种说法对吗？

答：________。错误

2. 拍照开闪光灯伤害的是动物的眼睛，身体其他部位没有影响。这种说法对吗？

答：__________。

错误。会对动物的生理和心理造成全方位的影响

我也会有压力山大的时候

马冬卉

路过熊山的时候，妞妞惊奇地发现，熊大捂着肚子坐在地上不停地打饱嗝，嘴巴里还嚷着：“不行了，不行了，难受死了！”原来它又嘴馋地吃了好多游客投喂的食物，蛋糕、零食、火腿肠乱吃了一大堆，既消化不了又没营养。原本陪着妞妞游览动物园的保育员们可忙坏了。

这边熊大在为吃坏肚子头疼的时候，那边珍禽馆的孔雀们也遇上了麻烦，本来想好好地趴在沙子里洗个沙浴、打个盹的，但游客们实在是太热情了，边使劲地拍着玻璃边大喊着：“开个屏，开个屏！”吓得孔雀连忙起身一溜小跑地躲到角落里去了。妞妞感慨不已，原来动物园里的动物们也不是每时每刻都那么悠闲、安心。它们的确各有各的烦恼，也会偶尔发发牢骚，感叹“压力山大”，那么到底它们的压力都来自什么地方呢？

我们生活中可能会碰到很多让人压力山大的事情。例如，明天就开学了，但是假期作业还没写完；要考试了发现课本知识都没复习；下周才发工资，口袋里却已经没钱了……每到这时候，经常有人抱怨说活得还没“××”（××指代任何一种看起来过得特别轻松惬意的动物）自在。但是别看动物们好像整天就是吃吃喝喝、玩玩睡睡，其实它们也有压力山大的时候。

动物们受到的各种压力中，最让它们头疼的就是来自游客投喂的食物了，吃还是不吃呢？这是一个问题。

动物园每天会给动物提供优质充足的食物。给动物准备的饲料有严格的标准，由饲养员提供方案，根据不同动物的食性、生长阶段、身体状况、天气情况等确定不同的饲料配方。每种动物每天的食物都是保质保量供应的。因此，大家千万别觉得动物瘦就是没吃饱，有些动物夏天就是比冬天瘦，有些动物老了也会变瘦，瘦些才是健康的。看到动物在吃东西，也别觉得是动物没吃饱，有些动物只要有食物就吃，吃饱了也不会停。

但是很多游客不知道这些，他们来参观时不仅带了食物自己享用，还会好心地分享给动物们。这下好心办坏事了。动物园提供的食物能充分满足每种动物日常活动的需要，游客投喂的食物又多是高热量的零食。动物摄入了太多的能量却没处消耗，久而久之就变成了一个大胖子，高血脂、心血管疾病、繁殖障碍等问题也接踵而至。游客投喂时不小心丢进动物圈舍的包装纸、塑料瓶等还会引起动物慢性中毒，胃肠道堵塞，甚至慢慢地杀死它们。

为了减少投喂带来的危害，动物园也做了很多努力。他们在醒目位置悬挂“请勿投喂”的告示牌，加强保安和饲养员巡逻，将笼舍改造成封闭式等，尽可能地减少游客投喂。同时，饲养员还绞尽脑汁地帮动物减肥。他们给动物搭各种爬架，制作新奇的玩具，把食物分开放置或藏在比较难拿到的地方（图 3–12）……摸透了每种动物的喜好，通过各种手段，只求动物们能多动一动，把体形给保持住。

图 3–12　把食物放在不同的地方供鹦鹉采食

除了游客的投喂以外，不文明参观也是让动物觉得压力山大的重要原因。

在网络上，游客拿东西砸动物的新闻层出不穷，有些甚至导致动物受伤。杭州动物园也曾有游客用雪球砸非洲狮、长颈鹿、猕猴等动物的事情发生。这样的行为毫无疑问会使动物觉得紧张、愤怒。除此以外，大声喊叫、用强光照射动物、拍打笼舍护栏等行为都会使动物感受到压力。

在自然环境中，野生动物除了因为食物极度缺乏，不得不靠近人类聚居地觅食外，大多对人类活动的地区抱着敬而远之的态度，会远远地避开。然而在动物园里，动物虽然没有了饥寒和天敌的威胁，却不得不生活在人类的活动范围内。人类活动产生的各种声、光、气味等，都在无形中给动物造成了压力。就像一个人突然到异国他乡，人生地不熟、语言也不通时会感到不安相类似。在动物园里生活的野生动物经常生活在一定的压力下，精神相对比较脆弱。

另外，游客到动物园参观，总是希望能看到动物们像“动物世界”里展示的一样有活力。但现实总是事与愿违，很多动物看起来都是懒洋洋的。其实不是动物不想动，而是游客来的时间不巧。有些动物是夜间活动白天休息的；有些动物喜欢在相对凉爽的早晚时间活动，白天自然动得就少了（图 3-13）；还有些动物吃一顿能管好几天，错过了它们进食的时间，自然只能看着它们待着不动慢慢消化的样子了……可是游客不甘心啊，就想方设法地“逗弄”动物，通过丢东西、喊叫、拍打玻璃等，希望能够吸引动物的注意，让它们活泼一点。然而动物们不领情啊，整天生活在

图 3-13　熊跟我们一样白天也需要午睡

噪声和骚扰中，能不有压力吗？

在这样的压力下，一些胆子比较大的动物还好，会表现出逃避或者攻击的行为，对自身的危害较小。而对一些敏感胆小的食草动物和小兽来说，则容易造成应激，发生疯狂撞击笼舍等自残甚至自杀的行为。

那么，如何减少这种环境带来的压力呢？最简单的方法就是给动物提供隐蔽的场所。在动物笼舍内种植大量植物、堆砌岩石假山、设置洞穴等，让动物有躲藏隐蔽的地方。同时，也可以通过训练，在动物和人之间建立信任关系，让动物对人“脱敏”。但这也需要给动物一个相对安全稳定的环境——远离人群视线的隐蔽场所（图 3–14）。

图 3–14　细尾獴的躲避石洞

除了外部因素造成的压力外，动物自身和群体内部也会产生压力。我们知道动物中有很多是群居生活的，它们聚集成群抵抗捕食者，共同寻找食物、保护后代。在有些动物群体中甚至有明确的高低地位和职责分工。动物园经常的做法是把可群居的同种动物或者可混养的几种动物饲养在一片区域，既满足动物天性又方便管理，还提高了展出效果。但这种饲养方法也是有一定风险的。动物个体之间存在强弱差异，强势的经常会欺负弱势的，有些雄性会欺负雌性等。处于弱势的一方不仅得不到好的食物，还容易受伤。

对于这种动物内部压力带来的伤害，动物园有三招。第一招是合理安排群内个体结构。一山不容二虎，一群有等级划分的动物中如果出现了两个势均力敌的强者，那流血冲突就很难避免了（图 3–15）。因此，设计群养时就要注意不能让两个有首领潜质的个体产生竞争；个别经常被欺负的个体也不适合群养。第二招是环境丰容。给动物准备可供它们研究玩耍的玩具，消耗它们的精力。另外，还可以在笼舍里设计一些逃窜路线和可以躲藏或者攀爬的障碍物。这样一来，即使打斗发生，弱势的一方也能够及时逃跑躲避，减少伤害（图 3–16）。第三招就是行为训练。例如，训练强弱个体分开取食。强者优先选择喜欢的食物，选择完后两者分开进食，互不干扰。通过训练，帮助强势个体明确自己在群体中的地位，让它们明白不需要通过打斗来获得更好的食物、玩具、休息地等。

图 3–15　旋角羚之间的争斗

图 3–16　本杰士堆为幼年旋角羚提供了躲避空间

由此可见，动物们的日子也不是事事如意的。它们想要生活得更加安全舒适，离不开动物饲养员的“头脑风暴”和辛勤付出，同样也离不开游客的爱心和配合。专业的事，让专业的人去做，把养好动物的责任交给动物园。作为游客，负责安静欣赏就好。

小问题

1. 游客可以自带食物来投喂给动物园中的动物。这种说法对吗？

答：____________。

错误。游客在动物园中任何投喂动物的行为都是不被允许的

2. 可以通过拍打玻璃、随意吼叫引起动物的注意。这种说法对吗？

答：____________。

错误。这样会给动物带来很大的压力，尤其是生性胆小敏感的那些动物

动物“生娃娃”的那些事

黄淑芳

路过大象馆时，两头亲昵的大象让妞妞停住了脚步，只见两头大象鼻子时而卷在一起，时而凑到对方身上闻嗅，妞妞好奇极了：“它们是在打架吗？”保育员叔叔笑了：“这是在为生宝宝做准备呢！”

动物同人一样，都有繁衍后代的本能及照顾下一代的责任感。大多数动物每年有特定发情期，错过这个时间段没碰到心仪的对象就只能等待第二年，如大熊猫、金丝猴、东北虎、大象等；而常年发情的也有，如黑猩猩、长臂猿、鼠等。它们会在发情期间先选择一片安全区域，也就是它们的暂时婚房住处，不让其他动物进入。禽类动物找好配对后就双双开始筑巢，因为这个原因，春季是它们的繁殖期，涉禽、鸣禽、游禽就会因领地的原因而上演“战争片”，有时候还被伤得不轻。禽类基本由双亲（有的鸟类还包括亲属）完成繁殖任务。

对于群居性动物，保育员通过平时的观察，选择好配对对象，在繁殖季节开始之前为它们选择好一处相对安静而舒适的“婚房”，然后让它们开始其生命延续之旅。不过也有失误的时候，曾有只母长臂猿就对其第一任丈夫情有独钟，但当时保育员考虑到它的综合情况，给它人为更换了配偶，结果它把第二任丈夫咬得头破血流，所以要对每个动物的性格和特征情况都非常熟悉。

独居性动物以猛兽类为主，雄性个体为保持自己的生存地位在自然环境中会对自己的幼崽形成威胁，一般都是母体独自承担后面的哺乳和

教育工作。大家可能对《狮子王》中辛巴的孤独及《我们诞生在中国》中母雪豹的艰辛记忆犹新。它们的繁殖对保育员来讲是一个非常专业的技术，不仅要了解所养动物发情的时间，还要了解所养动物的个性，熟悉它们的个体情况。一般情况是根据平时观察并结合年龄、谱系关系来进行隔笼培养感情，一旦出现发情高峰时间就对其进行合笼，配种以后就马上分开饲养（图 3–17）。

图 3–17　交配中的金钱豹

哺乳期多数情况是非常顺利的，有时幼崽出现疾病而母体不让兽医靠近，这时就需要经过一番斗智斗勇。但也有母性差的个体，如拒绝哺乳、食崽、弃崽等行为。出现这类行为的原因很多，有环境因素，如对笼舍安全性、舒适性感到不够；也有营养因素，如饲料营养不够、缺水、乳汁偏少或偏多等情况；还有管理因素、内分泌因素、遗传因素等。例如，出现拒绝哺乳时，它们也就不管自己的幼崽，我们的保育员就会想办法把幼崽拿出来，进行人工哺育。根据各种动物乳汁的营养选择相应的配方奶粉，这样我们的奶爸、奶妈、狮姐、猴哥也就产生了，白虎、亚洲狮、长臂猿、赤猴等都有在育幼室里长大的经历（图 3–18 和图 3–19）。

图 3-18　长臂猿人工育幼

图 3-19　白虎人工育幼

动物繁育可以说比人类简单，也可以说比人类复杂。说简单是它生宝宝很不喜欢受外界干扰，越隐避越安全，还一般喜欢在晚上或凌晨生产，正常情况下除了双亲不需要其他成员帮忙，有的还独自承担养育的任务。说它复杂是它们有卵生、有胎生，有晚成体、有早成体。卵生的如所有禽类、部分两栖类，禽类中晚成鸟有东方白鹳、各类犀鸟等。哺乳动物基本上是胎生，有的一生下来没一个小时就会跟在妈妈背后奔跑，如食草类动物斑马、大象、长颈鹿、梅花鹿等（图 3-20）；有的则生下来要经过半个月左右才会睁开双眼看世界，如大家熟悉的犬、猫、老虎、狮子等。

图 3-20　斑马母子

它们的孕期也是各有不同，禽类孵化的时间跟动物体形大小有些相关性。小型鸟类一般10天左右就出壳，雉鸡类一般20天左右，中型的禽类（如鹤、鹳、火烈鸟）则在30天左右（图3-21），大型鸵鸟、鸸鹋则需要50天左右。动物园每年都会把母体不愿自行孵化的雉鸡蛋、鹤类蛋放在不同的孵化箱中通过调节其相应的温度和湿度进行人工孵化。哺乳动物的孕期最短的只有1个月左右，最长的近两年，一般在20～24个月。

图3-21　孵育中的丹顶鹤

动物生产需要兽医去接生吗？一般情况下它们能自行解决，让你们发现时只是多了一位新成员。因为它们在自然环境中生存的不易，到要生产时会找一个相对隐蔽的地方，为保证安全，在生产后母体还会把胎盘吃掉，并舔干净地上的血渍。只有在难产等情况下，兽医才会进行干预，采取必要的措施，难产的情况较多是营养不良、胎儿过大、母体初产或出现死胎等。

众所周知，人类和动物的生产繁殖过程对母体来说都是一种“生死关”，分娩时剧烈疼痛及心理焦虑这一生理心理过程必然会引起身体指标变化。国内外曾多有报道，豚尾猴、大象因产后抑郁对自己的宝宝进行虐待，差点要了幼崽的性命，所以动物产后情绪的变化也是要密切关注的。

动物生娃同人一样，是一个重要课题，在配种、孕期和哺乳期间是需要重点关注的。动物园每年都要预先做好计划，查好配种动物的谱系，提前增加母体的营养，改善笼舍条件，加强管理措施，只有这样才能让它们生出健康而快乐的宝宝。

小问题

1. 食肉动物生宝宝一般由谁来负责饲养？

答：__________。 父亲、母亲、父母亲

2. 动物的繁殖方式有哪些？

答：__________。 卵生、胎生、两者均有

3. 动物生宝宝一般情况下需要医生接生吗？

答：__________。 不需要，一般情况下它们能自行解决

第四章

疑问之为什么

为什么动物总是在睡觉？

江 志

今天是星期天，是妞妞跟妈妈约好一起去动物园看她心心念念的小猴子的日子。但是因为太兴奋，昨天竟然睡不着了，搞得今天上午都快10点了才被妈妈从被窝里拖起来，就这样嘟嘟囔囔地来到动物园。进了动物园大门，妞妞就兴奋地东跑西跳地找动物去了，但是动物们一个个都躲在角落里睡觉，害得妞妞一通好找。妞妞觉得好奇怪啊，为什么动物园里的小动物跟书上写的不一样呢？梅花鹿不奔跑跳跃了，大老虎也不威武凶猛了，连小猴子都不调皮捣蛋了……动物园里的动物都这么懒吗？还是因为它们昨晚也失眠了，没有睡好吗？

总有人抱怨动物园里好无聊，动物总是昏昏沉沉地“爱睡觉”，每次来都看到老虎躺在草丛里睡大觉，豹子躲在角落里眯着眼昏昏欲睡，连印象中最活泼爱动的金丝猴也是坐在树上一动不动。为什么它们与我们想象中的、与纪录片里看到的动物不一样呢，是因为动物园里太“安逸”，让它们变得“懒惰”了吗？当然不是，我们就一起来分析一下动物“爱睡觉”的原因吧。

首先，确实有一些动物在白天爱睡觉。白天爱睡觉是什么情况呢？是太懒惰了吗？当然不是！我们很多程序员也在白天睡觉，因为他们晚上要工作到凌晨两三点，那只能利用上午的时间多补一会儿觉了。这些白天爱睡觉的动物也是一样，它们在野外喜欢晚上出来捕食和活动，白天休息睡觉，我们将这些动物称为夜行性动物。浣熊、狗獾、猪獾、蜂猴、豹猫等都是夜行性动物。它们为什么会有这样的生活规律呢？主要是因为它们战斗能力差一些，晚上出来捕食成功率会高很多，也不容易被猎物发现，久而久之，它们就形成了夜晚出来活动而白天睡觉的习惯。在动物园里我们会对这些动物的笼舍进行整体设计，并调整饲喂时间，所以有时游客还是可以观察到部分夜行性动物的活动情况，但是毕竟这与它们的生物钟不符，它们并不太活跃，更多的还是保持趴在角落睡觉的姿态。

有人会问夜行性动物数量并不多，绝大多数动物还是喜欢白天活动夜晚睡觉的，那为什么白天总是看到它们“睡觉”呢？这主要是因为还有很多动物都喜欢晨昏活动，一般上午 9 点以后活动量明显减少，傍晚太阳落山时活动又开始增多。活动量减少不等于在睡觉，它们只是在眯着眼睛休息而已（图 4-1）。在野外，动物的活动都和采食行为密切相关。一般来

图 4-1 白天昏昏欲睡的豹猫

说，肉食性动物如猎豹、狮子等的活动都是根据草食性动物来的。非洲草原白天气温特别高，所以草食性动物都喜欢在晨昏外出觅食，这时将它们视为猎物的猎豹、狮子也就开始活动起来了。我们在白天看到的猎豹、狮子、老虎都是懒洋洋的，因为这时它们为了减少不必要的能量消耗，都在抓紧休息，保持体力呢（图 4-2）！

图 4-2　白天熟睡的金钱豹

其次，除了夜行性动物和晨昏活动的动物外，其他动物基本还是昼行性的，如我们特别喜欢的灵长类动物中的大部分。但是这些灵长类动物和我们人类一样，都有睡午觉的习惯。它们的午睡时间虽然不尽相同，但在动物园内，因为工作人员的饲喂时间基本分为上午、下午两次，所以猴子们的午睡时间也基本都在中午时分。但那些主食是树叶的猴子，如我们熟悉的金丝猴，还有名字中带“叶”字的猴子，如黑叶猴、长尾叶猴等是例外。它们和猕猴、黑猩猩等杂食性灵长类不同，每天的饲料配比中 70% 以上是树叶、树皮等，我们将这些猴子统称为叶猴类。由于它们的主要食物是树叶，树叶在体内发酵、消化、吸收都需要一个相对较长的时间，所以我们经常会看到它们吃完饭就开始趴着休息。休息可以让它们节约能量消耗，也有利于它们消化吸收采食的树叶。

还有一些爬行动物馆的动物们，如蟒蛇、扬子鳄、各种蜥蜴，它们属于变温动物，新陈代谢慢，白天基本不动，是地球上最“懒”的动物群体，在动物园里基本上过着衣来伸手、饭来张口的日子，仅偶尔活动一下筋骨。所以没有耐心的话，我们也很难观察到它们的活动（图 4-3）。

图 4-3　蛰伏不动是蛇类的常态

大家来到动物园后一定很想与狮子、老虎隔着玻璃互动，或看它们巡视领地的威武身姿吧；想看亚洲象慢悠悠地晃动长长的鼻子享受一场酣畅淋漓的沙浴、水浴吧；想看长颈鹿傲娇的像模特一样展示着美丽的长脖子和健美的大长腿吧。那么，我来给大家一个建议。首先我们需要了解各种动物的习性，然后选择一个阳光明媚的日子早早地来到动物园，再根据时间合理选择适合观赏的动物，最后再加上一点耐心和运气，你会看到一个完全不一样的活蹦乱跳的动物园。旋角羚羊们总是在奔跑，或者指导孩子们掌握爬跨、奔跑的技能。梅花鹿喜欢半躺着，但嘴部不停在运动，反刍它刚吃下去的树叶。成年赤大袋鼠们慵懒地躺在自己挖的沙坑里享受着日光浴，眯着眼睛看着孩子们蹦蹦跳跳（图 4-4）。黑猩猩们相互追逐打闹，刚才还在满场乱奔的两个小娃娃一会儿又安安静静地坐在一起相互梳理毛发。鹦鹉馆的鹦鹉们，相互梳理着毛发，从一

图 4-4　日行动物赤大袋鼠也会在日间小睡

根树枝跳到另一根树枝，叽叽喳喳地好不热闹。雄性孔雀骄傲地打开了自己漂亮的屏风，原地打转着像雌性炫耀求爱。穿着一身红外套的火烈鸟，总是有序地走来走去，有时会把一条腿收到翅膀下，单脚立地假寐。其他鹳形目和鹤形目动物们，白天一直不停地在活动着，不是走动就是吃食，或是在啄泥土，甚至为了领域而打斗。游禽湖的白天鹅、黑天鹅、鹈鹕及雁鸭们，在鹈鹕大哥的领导下，悠闲地在水里游来游去，偶尔还会“曲项向天歌”，多么美丽和谐的画面！

小问题

1. 夜行性动物的特点是什么？

答：____________。晚上活动和捕食，白天休息睡觉

2. 老虎的活动时间主要在每天的什么时候？

答：____________。晨昏

3. 下面哪种动物属于变温动物？

A. 大熊猫　　B. 扬子鳄　　C. 金丝猴

答：____________。B

为什么大熊猫看起来黑乎乎的？

顾江萍

妞妞现在知道动物们都懒洋洋的原因了，有些后悔自己起得太晚了。于是她想着，既然这样那我干脆先去看看大熊猫吧，反正它们那一双黑眼圈，什么时候去看都是一副没睡醒的样子。爬上一段小坡后她终于可以见到憨态可掬的国宝了，妞妞兴奋地用眼睛搜寻着印象里那个黑白的圆滚滚。找到了！咦，但是为什么大熊猫身上看起来黑乎乎的，不是想象中黑白分明的形象了？妞妞不禁问："妈妈，是不是动物园不给它们洗澡啊？"

其实，成年大熊猫的毛色本来就不是完完全全的黑白两色，准确来说，除了头部较白之外，其他部分更偏向乳黄色，胸腹部更是有一些深棕色的毛发。不同亚种的大熊猫毛发特征也有所不同，秦岭大熊猫的胸部为深棕色而四川大熊猫则是黑色，四川大熊猫腹部为白色而秦岭大熊猫则是棕色，这本来的毛色靠洗澡也洗不掉啊（图 4–5）！

图 4–5　大熊猫的肚子本来就不白

从大熊猫的成长过程看，大熊猫在出生后一

个月内毛色基本算是黑白分明的，但随着年龄的增长，其部分毛色就会呈浅棕色。在幼年期间它们还不能跑与爬，而且熊猫妈妈会经常舔舐幼崽，所以整体毛色还是很白净的；但随着熊猫宝宝不断成长，它也会玩耍、觅食和打斗，这时灰尘泥巴沾身上就变成家常便饭了；而到了老年时期活动量逐渐减少，大部分时间都安静地待在一处进食与休息，这时它的毛色又恢复白净一些。动物园展出的大部分是 2 岁以上的非老年大熊猫，所以你不能怪它黑乎乎啦，在它们的日常生活里摸爬滚打是再正常不过的了（图 4-6），身上难免会蹭黑变黄，特别是屁股部分与地面的接触最多，经常染着泥土，颜色更为明显。

图 4-6　雪中嬉闹的大熊猫

那为什么不能像宠物那样常给它洗澡呢？因为大熊猫不是不能洗澡，而是不能频繁洗澡，并且还得分环境洗澡。大熊猫是野生动物，并不是人类的宠物，频繁洗澡会降低其皮肤的免疫力，它们在地上翻滚或蹭树皮、岩石并不仅仅是为了玩，也是在去除体表寄生虫。在野外，动物把自己弄脏一些也是出于自我保护，可以更好地隐藏于大自然中。大熊猫的栖息地多雨湿润，它体表毛发里会存有大量的寄生虫，泥土可以吸收毛发上过多的油脂，让身上的寄生虫窒息并阻止其他寄生虫的侵入。草食动物如大象、犀牛都有泥浴的习惯。在野外，大熊猫为了克服寄生虫的危害，需要不断地在泥土与树皮上蹭皮毛。现在越来越多的动物园都在提升动物福利，在展区内设置泥土沙坑，修建水池、小瀑布等，这样做都是为了让圈养的动物能有更多的选择，从而展示其自然行为，而不是把它们圈养在一间一尘不染的展厅里，让它们和我们人类及宠物一样“干净”，这样它野外生存的能力会逐渐退化，极不利于种群发展。

有人会问大熊猫会不会游泳？研究人员观察的结果是，它们并不会游泳。事实上它们能够踩着走过浅流，但不愿漂浮在水里使厚厚的毛皮被打湿，甚至玩耍一结束它们就急着将毛上的水珠全抖落下来。大熊猫会自己下水泡澡，尤其是天气炎热的时候，泡在水池里更是起到一定的降温作用（图 4–7）。观察发现，大熊猫喜欢坐在水池里，背靠在水池边，用两只前掌不断把水拨到胸口。要知道大熊猫的栖息地常年温度不超过 20 ℃，在南方炎热的夏天，动物园都会对大熊猫采取防暑降温措施。虽然大熊猫不怕冷，但在冬季要是身上湿漉漉的再刮阵风，国宝也是要感冒生病的，所以冬季展区外场的水池一般不放水。此外，发情期间雌性大熊猫性情烦躁，也会更多地去水池泡澡。

图 4–7　大熊猫的戏水池

每个个体都有自己的特点，每个人有自己的喜好，动物也是如此。有的大熊猫爱洗澡，有的就不喜欢，即使你想给它来个人工冲淋，它也是立马扭头就跑，所以文静一些的、爱泡澡的大熊猫就显得白净些；不爱洗澡还专门喜欢滚泥蹭树调皮捣蛋的大熊猫就更加黑乎乎了，不知道的还以为被派去挖煤了呢！

大熊猫虽然是吃素的，但其实依然是食肉目。为了适应气候环境的变化，它的肠胃已经适应了竹纤维，但它长长的犬齿与锋利的爪子依然保留着食肉动物的攻击性。大熊猫成长到 2 岁以后，一般情况下人不能与其直接接触，如果强行给它洗澡，不仅给动物带来应激，而且也会大幅增加饲养人员自身的安全隐患，洗澡的确让它们看起来更漂亮了一些，但我们有必要为了满足心目中黑白萌物的形象而得不偿失吗？毕竟它们存在于动物园中并不是为了取悦人类，我们应该更多地尊重动物自己的生活规律。

讲到这里，大家又要问难道电视里和书本上看到的大熊猫都是美化过的吗？也不是，就像人的头发有差别一样，大熊猫的毛发也会有个体差异，有的毛发更为整齐白净，电视里与书本上常出现的就是大熊猫里的“模特”了；再有就是与看到大熊猫时的背景色有关，如果背景是更多的绿色能把熊猫衬托得更加白一些（图 4-8），而如果背景是黄黄的泥土色或暗灰色，那你看到或者拍摄到的大熊猫也就可能有些黑乎乎了。

图 4-8　对比度强的时候大熊猫的毛色更白净

最后，它们对植被的破坏力也是不容小觑的，大熊猫展区外场地的植被很难养护，如遇上性格顽皮的大熊猫，大部分的草本植物都不能幸存，没有植被，泥土就会裸露，从而使其毛色更难保持白净，刚洗完可能不一会儿就又沾上土了，这也是动物园需要努力的地方。例如，进行笼舍改造，增加外场地的区域面积；在现有笼舍条件下增加更多的丰容来减少大熊猫对植被的破坏。而对于要不要给国宝洗澡的问题，就交给它自己来选择吧。

小问题

1. 大熊猫怕冷还是怕热？

A. 怕冷　　B. 怕热

答：________。B

2. 现存大熊猫的体毛颜色有哪些？（多选）

A. 黑色　　B. 白色　　C. 暗棕色　　D. 浅棕色

答：________。A B C D

3. 大熊猫吃肉还是吃素？

答：________。大熊猫属于食肉目，但是现在基本吃素

为什么很多鸟类都是单脚站立？

杨　洁

“虽然黄黄的熊猫看上去脏兮兮的，但还是很可爱啊！”了解了大熊猫洗澡秘密的妞妞满心欢喜地跟着妈妈走往下一个展区。“看，是天鹅！”妞妞兴奋地叫了起来，只见一群浑身洁白的疣鼻天鹅在水中优雅地梳理着毛发，果然喜欢玩水的动物就会特别白啊。但是没一会儿，妞妞又发现了新的问题。这些天鹅上岸后竟然都是单脚站立，难道它们都有一只脚受伤了吗？

当我们在动物园游玩，经过珍禽馆、涉禽池和鹦鹉广场时，往往会看到一些美丽的画面。身披火红羽毛的火烈鸟成群结队地在池中漫步，形成一道亮丽的风景线。然而，这其中会有几只很另类的小家伙单脚站立着，一动不动（图 4–9）。与火烈鸟对门的东方白鹳夫妇，经常四目相对，含情脉脉地望着对方，这是肆无忌惮地“秀恩爱”（图 4–10）。它们也经常保持单脚独立的站立姿势。疣鼻天鹅身披洁白的羽毛

图 4–9　单脚站立的火烈鸟

图 4–10　单脚站立的东方白鹳

在水中优雅地游着，当它上岸时，也会单脚站立，环顾四周，整理它蓬松的羽毛。鹦鹉广场上，作为鹦鹉界“大哥大”的金刚鹦鹉们，在早春的季节成双成对，相互爱抚，梳理对方鲜艳的羽毛。然而也有几个“小光棍”孤独忧伤地单脚站立，有的将脑袋缩进翅膀里，有的则是望着远方发呆。好奇的小朋友会拉着妈妈的手问：“鸟儿们是不是脚受伤了？我们快叫动物医生来看看吧！”好奇的你，是否也会有这样的疑问，鸟儿们为什么会单脚站立呢？它们这样站着不累吗？

这个问题的答案其实很简单。正如人类用双腿站着很舒服一样，鸟类中的很大一批成员都喜欢单脚站立休息，它们连续站立 5 小时也不会觉得累。不要怀疑，这是鸟类世界中极为普通的行为，我们通常把这样的单脚站立行为称为“金鸡独立”。那么，金鸡独立对于鸟儿们又有什么意义呢？我们一起来研究一下，看看究竟有什么奥秘吧。

首先，金鸡独立可以促进血液循环，不让过多的血液集中在腿部。对于火烈鸟和丹顶鹤这些有着迷人大长腿的涉禽类动物而言，血液过多地淤积在腿部会影响体内的血液循环。但是如果抬起一条腿，保持腿的一定高度，就可以让腿部更接近心脏，有利于血液的输送。为了减少能量消耗，促进血液循环，它们通常还会两条腿交替站立。

其次，金鸡独立可以保持鸟类的体温。鸟类全身覆盖羽毛，裸露面积很大的腿部皮肤是其与外界环境热交换最重要的部位。在温暖的环境下，腿部可以起到很好的散热作用。但是，在寒冷的环境下，裸露在外的腿部也最容易损失热量，当它们将另一条腿隐藏在羽毛底下，可以避免热量大量地从腿部散失。科学家通过观察火烈鸟的行为发现，在更冷的天气或者是在水里时，它们会更倾向于单脚站立。

最后，与直觉相反，鸟类单脚站立往往比两只脚站立更为稳定。对于人类而言，由于人类的身体是直立的，重心和双腿在同一条垂直线上，双脚站立非常稳定。但是以火烈鸟为例来看，人们往往以为修长的大腿中间部分就是膝盖，其实这是它的踝关节，它真正的膝盖则藏在鸟腹部，所以当使用两只脚站立的时候鸟的双腿会变得非常垂直，这并不利于它们关节的稳定。只有当膝盖自然前倾的时候腿关节才会相应地扣紧，呈现非常结实的状态，这种状态只有在单腿站立的时候才会生效（图 4-11 和图 4-12）。

图 4-11　单脚站立的苍鹭

图 4-12　单脚站立的蓑羽鹤

当然，鸟类的金鸡独立还有一种特殊功效。大千世界无奇不有，一不留神危险就来到了身边，小型的寄生虫可以顺着鸟儿的腿爬上去，只用一条腿站立相比两条腿可降低患病的概率，有利于减少寄生虫的伤害以保持身体的健康。

金鸡独立，这个鸟类普遍的行为引发了我们多大的好奇。动物的精彩，动物的奥秘，也正等着我们去发现和探索！

小问题

1. 鸟类在天冷的时候会更喜欢金鸡独立吗？

答：________。会

2. 火烈鸟单脚站立和双脚站立，哪种姿势更稳定？

答：________。单脚站立

3. 下面哪种动物不会使用金鸡独立的方式休息？

A. 金丝猴　　B. 火烈鸟　　C. 丹顶鹤

答：________。A

为什么两个猴子间会相互理毛？

楼 毅

妞妞学着丹顶鹤的模样单脚站立了一会儿就发现腿酸得受不了，她想这样的休息方式果然不是自己能随便学会的，还是去看看跟人类最接近的猴子们是怎么休息的吧。想着想着就来到了猴山展区，妞妞发现猴子们全部围坐在一起，果然没有像丹顶鹤它们一样单脚站立折磨自己。但是妞妞发现猴子们并不是简单地坐着，小脚没有放平，小手也没有放好，它们相互抚摸着。“它们是在干什么呢？”妞妞好奇地问妈妈。

细心的朋友在灵长类展区游览时，一定会经常看到猴子们在相互梳理毛发（图 4-13），然后从对方的毛发中寻找出一些东西往嘴里塞，它们在寻找什么吃的呢？理毛又有什么其他特殊的含义呢？

图 4-13　相互梳理毛发的猕猴

要回答这两个问题，我们首先来讲讲灵长类动物的社会形态。灵长类动物是一种典型的社会性动物，除了极少数如红毛猩猩是独居外，其余都至少是以家庭为单位过着群居生活，如长臂猿就是典型的一夫一妻制，它们的小群体就是父母带着一群小宝宝们；大猩猩是一夫多妻制，它们的社群组成就是一个雄性首领及它的老婆们和孩子们。甚至还有以多个家庭组成的重层社会，如金丝猴就是两三个一雄多雌的家庭群加上一个被家庭群赶出来的全雄群（单身汉群）组成。保育员们在饲养灵长类的时候特别会注意它们的社会性，尽量避免让它们单独生活，因为对它们而言，单独饲养是最大的惩罚。我们人类也是灵长类，所以我们在看小说、电视时，经常会看到的关禁闭、面壁思过之类的情节就是类似的这种惩罚。

对于猴子而言，既然有各种复杂的社会形态的存在，就必然需要沟通的纽带，也就是相互间的交流。我们都知道蜜蜂能利用“8”字舞来进行彼此间的交流，进行一些信息的传递。那么对于进化程度更高的灵长类而言，它们的语言就更加复杂多样了。不同的灵长类动物会有自己特殊的语言或者动作。例如，金丝猴能发出近20种不同的声音来表达不同的含义，常用的有“ei”这个单音节，当打招呼的时候它们会发出较高的音，回应时使用较低的音（图4-14）。大家有兴趣不妨找个游客少的清晨，来金丝猴馆仔细倾听一下，一定会有很多有意思的收获。

图4-14　金丝猴夫妇的互动

我们都知道黑猩猩具有非常高的智商，所以它们的社群关系就更加复杂，语言也更多样。在《黑猩猩的政治》一书中，就介绍了一群生活在荷兰阿纳姆动物园的黑猩猩之间的政治斗争，种群内的老大在被老二和老三联盟推翻下台后，又开始联合老三对抗老二，并最终打败老二重新做回首领。要进行如此复杂的社会行为，可见它们的语言是多么丰富。而我们在平时可以经常看到的典型社交动作有示威、屈服等。当雄性黑猩猩背毛竖起，四肢在原地蹬击地面，嘴巴发出“ao——”的叫声时，我们应该能猜到它是在示威呢。当两只黑猩猩发生摩擦时，弱势的一方会选择相对偏下的位置坐立，同时以向上举起手腕向强势一方展示，表示屈服并希望得到对方的谅解。当对方选择原谅后，会将弱势一方拉到身边，双方就会开始理毛（图 4–15）。

图 4–15　黑猩猩的社群关系

我们应该猜到了，猴子间的理毛其实是一种非常典型的表示友好的行为，这个动作适用于所有灵长类，在人类的传统社会里，母子、姐妹间也会相互梳理毛发、相互掏耳朵，这也是一种维系和增强彼此间关系的手段。那么，我们就来梳理一下理毛行为对于灵长类动物生活、社交的作用。

第一，理毛起到了一定的清洁作用。开篇我们就讲了猴子会从对方的毛发里找出一些东西往嘴里塞。有人说，它们是在捡拾盐粒，但是猴子体表的汗腺主要分布在手掌、脚掌和面部等没有毛皮覆盖的位置，身体表面没有覆盖汗腺也就不会有盐粒的产生。也有人说，它们是在吃跳蚤和虱子，但猿猴都是非常爱干净的动物，再加上它们的理毛频率非常高，所以产生跳蚤和虱子的概率非常小。其实，它们只是在捡拾体表的皮屑、虫卵及一些杂物而已（图 4-16）。

图 4-16 环尾狐猴互相理毛

第二，理毛能起到缓解冲突的作用。灵长类动物还是非常信奉和平的，哪怕如黑猩猩这样脾气特别暴躁的动物，在种群内的冲突也会尽量避免发生严重的撕咬。就如前面提到《黑猩猩的政治》一书，虽然它们经历了两次的权力更迭，但是并没有爆发一次很严重的流血事件。除了它们之间相互的克制以外，群内其他动物也会帮助缓解气氛。它们会给发生冲突的双方理毛，意思是“消消气，降降火，别冲动”之类，往往在这些和事佬的推动下，冲突就这么和平地消除了。当然就如前面说过的一样，在冲突结束以后，冲突双方也会相互理毛表示一下友好。

第三，理毛能起到增进关系的作用。理毛是双方友好程度的重要指标，如母子、姐妹等亲人之间就会经常进行梳理。同样在一个群体内，地位较低的个体会主动给地位较高的个体理毛，表达求保护、求照顾的意思。有时几个弱势的个体利用经常性的理毛来达成统一联盟，当其中一个弱势个体受到攻击时，它的同盟就会前来协助，共同对抗强敌。此外，当一个雌性正值青春年华或正当发情期的时候，会有好几个雄性前来主动献殷勤，以此来获得交配权，而它们献殷勤的方式也是理毛。根据观察，灵长类动物具有非常明显的“阿姨行为”，就是群体内的成年雌性很喜欢抱一抱刚出生的婴猴，为了让婴猴的母亲同意它们的行为，它们会主动为猴妈妈理毛，以此获得它的信任，最终获得照顾婴猴的权利。

除此之外，理毛还类似于人类社交中的“搭讪大法”。年轻男女互相爱慕或者第一次见面不知道聊些什么的时候，它们就会利用“理毛”这一通用语言开始初始的接触。所以在动物园内我们可以利用它们理毛的频率和程度来判断它们的亲疏关系。看到这里，是不是很想来现场仔细观察一下动物间的交流呢，赶快行动吧！

小问题

1. 灵长类动物大多数都是群居的吗？

答：____________。是的，除了红毛猩猩独居以外

2. 猴子从对方毛发里找出来吃的是盐粒吗？

答：____________。不是。是体表的皮屑、虫卵和杂物

3. 理毛在灵长类中是一种表达友好的行为吗？

答：____________。是的。理毛能起到增进感情、缓和冲突等作用

为什么黑猩猩的屁股像是长了瘤？

王志飞

妞妞看着猴子们相互梳理着增进感情，突然灵机一动，撒娇地晃着妈妈的手说：“妈妈，晚上给我掏掏耳朵、剪剪指甲好吗？”妈妈温柔地笑着应道：“当然好啊。”母女俩手拉着手往黑猩猩笼舍走去。忽然，妞妞听到一个小朋友大声喊道：“快看，这只黑猩猩生病了，屁股长了一个大瘤子。”妞妞仔细一看，发现真的有一只黑猩猩屁股上肿起来了，明明上次来的时候黑猩猩屁股还是好好的，这次怎么长了个瘤子呢，难道真的生病了？

很多来动物园游玩的游客在参观黑猩猩馆时都会感到惊讶：“看那个黑猩猩的屁股怎么那么一大坨，像长了个瘤子！它们是生病了吗？”还有的小朋友会问妈妈：“是不是黑猩猩不听话，屁股被饲养员叔叔给打肿的？”答案当然是否定的，那么这些猴子到底是怎么了，屁股才会肿这么大呢？我们今天就来聊一聊有关猴子屁股的故事。

其实除了黑猩猩以外，我们会发现很多猴子的屁股都是红红的，有时还会有两块厚厚的肉垫一样的东西。这是因为猴子在进化过程中，学会了坐立，长期的坐姿使臀部的毛发慢慢退化了，而为了可以坐得更舒服一点，屁股上长出了两块胼胝体，这上面充满了毛细血管，也就让它们的屁股看上去呈现出特异的红色。

那么，黑猩猩屁股上的瘤是因为它们的胼胝体发生了变化吗？其实通过仔细观察我们可以发现，黑猩猩肿胀的部位并不是发生在它们的

臀部，而是在臀部以上，肛门和外生殖器附近，而且发生肿胀的个体都是雌性。这些雌性个体会在发情排卵期附近时，外阴部积蓄大量体液，肿大起来，并产生鲜明的颜色，这种现象在生物学上被称为性皮肿（图4–17）。亚成年和成年的雌性黑猩猩都会有性皮肿现象，且在排卵期附近，肿大达到峰值。所以它们并不是生病，也没有被打，人家只是发情了。除了黑猩猩以外，山魈、狒狒、猕猴等旧大陆猴也会有不同程度的性皮肿现象发生。

图 4–17　黑猩猩的性皮肿

在野外，很多猿类是季节性地呈现性皮肿，即一年中有一段发情交配的旺季，通常都是在食物丰富、气候适宜的时期出现。例如，猕猴多在夏秋食物丰盛之际呈现性皮肿；黑猩猩虽然在全年 12 个月都会呈现周期性的性皮肿变化，但春秋为交配的最佳季节。研究表明这种发情交配的淡旺季多与气候、植物的生长程度有关。

那么，为什么会有性皮肿现象发生呢？这是因为野外动物的生存史就是一部为了延续自己基因而不停奋斗的可歌可泣的生殖史。在一般野生动物中，它们交配的目的特别单纯，就是为了繁殖，为了让自己的基因得以延续。但对于它们而言，交配行为是一种非常浪费能量、浪费时间的行为，有时甚至伴随着危险，因为你不知道是不是有天敌正在附近隐藏着伺机而动。性皮肿可以有效帮助它们明确最佳配种时间，在山魈的配种过程中，雄性会首先检查雌性的发情情况，也就是性皮肿的程度，然后决定是否进行交配。对于雌性而言，性皮肿对于它们选择优良雄性个体也有很大的帮助。雌性鲜艳的性皮肿是一个强烈的令“猴”振奋的视觉信号，雄性个体每个都跃跃欲试，它们会进行一系列的明争暗斗，努力获得交配的机会，争取雌性能怀上自己的孩子。这或许不是一个浪漫的爱情故事，但却是一部艰苦的奋斗史。

大部分野生动物都将交配视为一种繁殖的手段，除了黑猩猩。它们将交配更视为一种交际手段。为什么它们会有这样的性皮肿现象发生呢？黑猩猩在野外主要经营多夫多妻制的父系社会，群体内会有几只大小、地位不一的雌性和雄性混居在一起。但黑猩猩是一种相当残暴的动物，为了延续自己的基因甚至有可能发生弑婴行为，将幼崽杀死，让母兽尽快发情后繁殖自己的孩子。聪明的雌性黑猩猩会在发情末期与群内所有雄性都进行交配，这样谁都不知道孩子到底是谁的，也就都不敢下手了。同时，雌性会在最易受孕的时期和群体中最优秀的雄性交配，以增加怀上优秀雄性后代的概率。

外国有一项很有意思的研究，那就是让黑猩猩选择肿胀的臀部到底属于哪个黑猩猩个体，在熟悉的种群中，黑猩猩很快就能选择出来，而且相当准确。我们人类是通过面孔来区分彼此的，可是这项研究表明黑猩猩可以通过屁股来区分个体，而且可能会比通过面部识别容易得多。现就职于佐治亚州立大学的一位灵长类动物学家莎拉·布罗斯南（Sarah Brosnan）表示黑猩猩的臀部肿胀、粉嫩且无毛，不同的个体有着独特的形状。而雌性黑猩猩肿胀的臀部在排卵期变得更加突出，对于雄性而言具有额外的吸引力——在这种情况下，它们用视觉来处理屁股这个信号显得尤为合理。

有人问，同为灵长类的人类会有性皮肿吗？张鹏在《灵长类的社会进化》一书中指出，其实人类女性的乳房也是一种持久的性皮肿。所以对于黑猩猩的性皮肿，虽然看着丑，可雄性黑猩猩们一定会觉得那是最美的事物。

小问题

1. 黑猩猩肿胀的屁股到底是怎么回事？

答：__________。

雌性个体会在发情排卵期附近时，外阴部积蓄大量体液，肿大起来，并产生鲜明的颜色，这种现象在生物学上被称为性皮肿

2. 雄性黑猩猩的屁股也会肿胀吗？

答：__________。不会

3. 在熟悉的种群中，黑猩猩可以通过肿胀的臀部来分辨个体吗？

答：__________。可以，而且相当准确

为什么食草动物都有些神经质?

郁超杰

看完了可爱的小猴子，妞妞和妈妈又沿着大路往下一个展区走去。不多远就来到了食草动物苑，那里一群梅花鹿正在趁着暖日休憩。“看，这里有梅花鹿！”妞妞话音刚落，只见刚刚还在悠然自得梦会周公的梅花鹿们瞬间都站立了起来，回头看了眼小妞妞，接着就似逃命般四散而去，有些家伙还夸张地互相撞在一起，仿佛慢一秒就会落入无尽的深渊一般。梅花鹿这种仓皇无措的场景让妞妞很是愧疚，但她觉得好无辜，自己这么叫了一声为什么它们会有这么大反应呢?

其实，不光是梅花鹿，所有的食草动物都有些“胆小神经质”。要说为什么的话，我们就必须要从食草动物在野外的生活说起。在野外，食草动物不像在动物园里这样，每天都有充足的食物，衣食无忧，逍遥自得。它们随时都要面临被食肉动物捕食的危险，为了躲避食肉动物，它们进行了长久的进化。首先，为了能尽快发现危险，它们的听觉、视觉和嗅觉都十分发达。食草动物都有一对长长的耳朵，有大大的外耳郭来帮助收集声音，有十分复杂的机械感受器系统——耳蜗来辨别声音，它们能听到很多人类听不到的细微声响；食草动物的眼睛在利于发现捕食者方面的进化更为重要，它们的眼睛位于头部两侧，增大了可视范围，浓密而又修长的睫毛可以降低异物和风对眼睛的影响，让它们随时都能“眼观六路”；食草动物的嗅觉器官叫嗅黏膜，位于鼻腔上部，表面有许多皱褶，动物吸入空气到达嗅黏膜，刺激了嗅细胞，沿密布在黏膜内的嗅神经传到嗅觉神经中枢产生嗅觉，食草动物嗅黏膜的面积约为我们人类的 4 倍，其嗅黏膜内大约有两亿多个嗅细胞，是我们人类的 30 ～ 40 倍，这进一步帮助它们发现捕食者的踪迹。光是发现捕食者还是不够的，为了躲避捕食者，食草动物们大都四肢细长，蹄窄而尖，所以奔跑迅速，而像梅花鹿，它们跳跃能力很强，尤其擅长攀登陡坡，连续大跨度地跳跃后能在灌木丛中穿梭。所以说，这都是在长久的野外生活中被捕食者逼迫才让它们从生理到心理都这么胆小神经质，这是它们与生俱来的天性，也是它们的魅力所在（图 4–18 和图 4–19）。

图 4–18　警惕的毛冠鹿

图 4–19　黄麂灵活的身躯

但是，食草动物这样的胆小神经质有时候也会给自身带来伤害。外界的刺激会让它们产生应激反应。而神经质的它们往往会过度应激，产生过度的恐惧，引发剧烈的运动，如疯狂地奔跑与躲避等行为，在这过程中往往会有意外发生。下面就是一个真实而又令人悲伤的故事，在某动物园中就有一头 7 岁的长颈鹿，因为自己胆子小，在转运途中不幸身亡。这头胆小的长颈鹿叫“宵久”，该动物园本来是想把它送到 70 千米以外

的另一家动物园和一头 5 岁的长颈鹿“珍妮”配对。园方考虑到长颈鹿生性胆小敏感，早在 4 月就开始为此事做准备，让“宵久”多和保育员熟悉，但“宵久”好像特别容易紧张，胆子格外小，熟悉搬运箱的速度也很慢，因此比原计划晚了两个月才开始正式运送。然而，运送当天“宵久”还是没能克服恐惧的心理，在它按照平时的训练顺利地进入搬运箱后，货车还没有驶出园区，“宵久”就开始在箱内剧烈挣扎，因为紧张导致呼吸窘迫，并且坐姿出现异常，保育员们中止了运送，兽医们也对它做了各项检查，但是对它进行麻醉之后，“宵久”因缺氧又造成了心肺功能受损，最终死亡。

对于其他一些食草动物，保育员在日常的管理中也是小心翼翼。例如，保育员在接近笼舍之前都会提前跟动物打招呼，就是告诉它们我们要来了，避免突然出现在它们面前引起应激。

现在我们知道了食草动物为什么都这么胆小神经质了吧。所以大家去动物园观赏的时候，千万不要吓唬动物，不要私自接触动物，不要用手或其他物件拍打栏杆驱赶动物，你的一个小小的举动可能就会给动物带来非常大的灾难。让我们一起携手给动物一个安全舒心的家吧。

小问题

1. 食草动物胆小神经质的原因是什么？

答：__________。这来自它们躲避食肉动物捕食的天性

2. 食草动物进化出哪些功能来躲避捕食者？

答：__________。

食草动物的听觉、视觉和嗅觉都十分发达，四肢细长，奔跑迅速

3. 本文的故事里一共提到几种食草动物？

答：__________。梅花鹿、长颈鹿、毛冠鹿、黄鹿

为什么有的展区气味特别大？

叶　彬

知道了食草动物敏感的天性以后，妞妞暗自舒了一口气，她不敢说话，拉拉妈妈的手示意继续往前走。没走几步路，突然传来一股浓烈的气味，把妞妞熏得立即捂住了嘴巴和鼻子，她转头小声问妈妈："这是什么动物的味道？怎么会这么臭？难道是饲养员叔叔偷懒没有打扫卫生吗？"

每个来过动物园的人都会有这样一个印象，动物园总是有一股异味，而且有些展区的气味会格外大。一到这些展区，那些对气味特别敏感的游客总是捂着鼻子快速走过。但是大家对这些展区气味特别大的原因可能不是特别了解，有些小朋友还认为是动物们不洗澡才会那么臭。在这里我们就来聊聊动物气味的奥秘。

在说气味之前，我们首先要知道的是这个气味来自哪里，具体是什么东西。最常见也是大多数动物都会有的来源就是粪便、尿液等一些排泄物中的气味。这是几乎所有动物都会有的一种气味，但不同动物的排泄物也会有不同气味，因此，动物学家们就会依靠在野外收集的粪便的气味来鉴别此处生存的野生动物的物种。当然，长年和动物打交道的动物园保育员们凭借工作经验，也能从粪便、尿液等排泄物的气味来分别动物的物种。

还有一个较常见的来源就是不少动物所拥有的独特的腺体。不同的动物在不同的身体部位会长有一些特殊的腺体，有些在肛门附近，有些在手掌部附近。这些腺体会分泌各种带有强烈刺激气味的液体或气体。

而这也是动物园里有些展区气味特别大的主要原因（图 4-20）。

图 4-20　狐狸展区总是气味的重灾区

说了气味的来源，那我们就要说说这些恶臭难当的气味对于动物有什么作用。

首先，气味最常见的作用就是信息交流。动物不像人类可以依靠语言、肢体等直接的方式交流。但是，动物种群个体间的交流在自然环境中是不可缺少的。所以，经过长时间的进化，很多动物拥有了使用气味交流的能力。这种交流方式虽不及语言、肢体等方式直观，但它却有语言所不能及的传播距离和准确性。一只蚂蚁在数百米外发出的信号，可以准确地传送到巢穴内的其他蚂蚁，并且精准地定位发出信号的这只蚂蚁的具体位置。这可以说是大自然生物进化的奇观。

这种交流方式对于动物在野外环境中生存有非常大的作用。例如，处于发情时期的雌性动物经常会从腺体中释放出只有这个时期才会有的气味，这种气味会吸引附近其他雄性来寻找这个雌性进行交配，甚至这种气味还会诱导雄性进一步发情，提高这个物种的交配成功率。这也是那些有独居习性的动物能在数座大山中找到同类进行繁衍的秘密。

其次，气味的另一个用途就是标记领地。野生动物，不论是群体还是独居的单个个体，都会有自己的活动范围，这个范围就是这个动物的领地。特别是对于大型食肉动物，由于野外的食物空间有限，所以保证自己的领地范围是生存的基本条件。因此，这些动物会用自己的排泄物或腺体分泌液在自己的领地范围内做上标记。这个标记不仅是自己对领地的感知，更是对闯入自己领地的其他个体的警告。当其他个体进入时，马上会知道自己闯入了别人的领地，这时要么选择马上离开，要么做好狭路相逢勇者胜的准备。

当然，气味对于一些相对较弱小的动物还有一个重要的用处——自卫。一些弱小的动物经常面临着成为大型动物美餐的危险，所以它们需要一种能自保的方式，而气味就成了这时最好的武器。就如同大家所熟知的臭鼬一样，当它遇到危险时，就会向敌人喷射一种具有恶臭的液体。这种液体由肛门腺分泌，主要是低级硫醇，这些硫醇不仅难闻，还有毒性，会作用于中枢神经，引起头痛、恶心甚至短暂失明等症状。而且臭鼬肛门处肌肉发达，能将液体喷射至3米之外的地方。所以，有许多“捕猎高手”见了臭鼬也会退避三舍。

对于动物园内的动物，有些人会说，它们在这里没有危险，不需要为食物发愁，为了便于观赏，为什么不人为消除这些气味呢？其实这些气味对于动物来说是必不可少的。如果想去除这些气味，首先要摘除它们产生气味的腺体，而一旦失去这些腺体，会导致动物的生理机能紊乱，轻者出现精神萎靡、行为怪异等情况，重者会在短时间内死亡。

另外，这些气味也是有助于动物健康生长的关键因素。例如，动物园长期在做的繁殖交配工作中，我们就需要利用雌性发情时所产生的气味来诱导雄性的发情，继而进行合笼交配。这是很多物种人工繁殖的重要方式。对于野生动物尤其是濒危物种有着重要的意义。

当然，在现代动物园中，在保证动物福利的情况下，动物园也做了很多工作来尽量降低这些气味对游客游览动物园造成影响。其中主要方式就是丰容和行为训练。

我们的保育员会利用一些自然材料丰富笼舍环境，根据每个物种的生活习性，引导动物将排泄物排泄至离参观区域较远的地方，这样既方便日常清扫，又降低了排泄物气味向参观区域散发的概率。同样，我们还会在笼舍内种植大量的植被，这些植被对整个环境也有良性的净化作用。

还有一点就是对动物进行行为训练。在日积月累的训练中，使动物学会减少标记、警告等目的的气味散播。同时，在训练过程中，增加动物与人的亲密度，减少动物对人的行为的应激反应。这样就能减少动物因自卫或过度紧张所散发的刺激性气味。

各位朋友以后来动物园游览时，遇到气味很大的展区时，试试先不要转身就走，去看看是什么动物发出的气味，探索它为什么会发出这样的味道。这样的游览方式也许会让你以另一种心情爱上这些可爱的动物。

小问题

1. 动物气味的主要来源是哪里？

答：________。

气味的主要来源是粪便、尿液等排泄物及动物的特殊腺体

2. 动物气味有什么作用？

答：________。

气味的作用：①个体之间的信息交流；②标记领地；③自卫

3. 动物的气味可以消除吗？

答：________。

气味不可以消除。气味是动物生存与生活必不可少的，消除它们的气味会使动物生理出现紊乱，导致动物出现健康问题

为什么有的展区只有一只动物？

叶　彬

经过一段时间的适应，妞妞已经可以勉强接受这里的气味了，看了看地图，现在所在的是小兽园。妞妞发现这里的展区很奇怪，在很多笼舍中都只有孤零零的一只。妞妞觉得这些动物好可怜，只有自己一个，没有人陪它玩，也没有人陪它说话，它们会感到孤独吗？为什么不把它们放一起玩耍呢？

今天我们就来说说为什么动物园中有些笼舍里只有一只动物，它们会孤独吗？动物园中有些笼舍里只有一只动物的情况很多，而这其中的原因也五花八门，各有不同。

动物的习性

动物种类不同，在野生环境中的习性也不同。有很多动物在野外是以家庭或群体的形式生活的。在它们的群体中会有不同的分工和合作，有严格的等级阶层，甚至不同的群体间也会有交流。但并不是所有的动物都是以群体的方式生存的。中国有句古话叫“一山不容二虎”，从中我们就可以看出，古人早已发现，老虎并不是以群居生活的，而多以独居为主，并且每只老虎都有自己的领地，也不允许其他老虎进入自己的领地。所以类似老虎这样在野外以独居方式生存的动物，动物园在笼舍设计时也会根据动物的习性安排展出，还原动物野外的习性，也避免动物之间因为抢占领地而产生打斗。因此，大家在动物园观赏老虎、豹、熊等这些有独居习性的动物时都会发现它们是一个笼舍中只有一只的（图4-21和图4-22）。

图 4-21　成年虎通常单只展出

图 4-22　金钱豹也是独居动物

季节的影响

季节对于动物的影响最主要体现在发情上。每种动物都有自己特定的发情季节，到了这个季节动物就会发情，此时动物们的习性就会有很大的变化，甚至有些原来种群比较和谐的动物群体内也会出现打斗的情况。因此，保育员们就需要根据观察和经验将群内较弱势的个体进行隔离保护，以防出现过激的打斗造成伤亡。有时动物园也会出于遗传考虑，为了优化基因，在动物发情的季节将发情动物单独隔离，控制动物的交配。不过大家放心，因发情隔离的动物一般过了发情的季节我们会将它们再放回群体内，让它们继续回归群体生活。

温度的影响

温度也是造成动物园将动物单独饲养的重要原因。而温度的影响多出现在非本地物种上，因为它们的野生环境与动物园当地的环境有很大的差别，如果只依靠动物自身的调节能力是无法适应动物园所在地的变化的，尤其是冬天和夏天这样的极冷和极热的天气。所以，此时就需要我们人为改变环境以帮助动物度过这种天气。而对于一些规模较小的动物园，无法做到大范围的温度控制，所以只能将原来的群居动物分割成多个小群体或者直接将每个个体分离，以便于在一个小环境内控制温度等环境因素。同样，在度过这一“困难时期”之后，我们还是会让它们回归到群体生活中。

动物自身身体情况

跟人类一样，动物的身体也经常会有异样出现，它们也会生病受伤。在动物园内，这些情况更是常见。就如前面所说，由于季节变化，动物性情会有变化，群居的动物很容易出现打斗。有些社群阶层明显的群体，处于群体底层较弱势的个体也容易受到其他个体的追打，还有一些动物由于病毒、寄生虫或自身身体机能原因，会和人类一样出现生病的情况。这些生病的动物会明显减少活动量，出现萎靡不振、食欲下降等症状。对于这些受伤和生病的动物，动物园需要对它们采取单独隔离的措施。首先，隔离之后可以避免它们与群体内其他动物个体再次接触，这样对于被打伤的动物可以避免二次伤害，生病的则可以防止相互接触而出现交叉感染等情况；其次，隔离之后便于兽医观察动物伤病情况并对其进行治疗，减少群体内其他动物的干扰；最后，单独隔离之后也便于保育员对伤病动物后续恢复进行照顾，使动物能更快更好地恢复健康。

其他原因

当然，除了上述情况，还有很多其他原因需要将动物单独隔离，在这里主要介绍以下两种情况。

第一，老年动物。在野生环境中，老年动物往往是非常弱势的，很多群体内还会出现驱赶老年动物的情况。因为老年动物往往是这个群体的负担，群体如果需要延续，必须优先考虑幼崽和壮年动物的存活，这是自然界残酷的生存法则。所以野生环境中的老年动物很多都会被群体遗弃，最后死亡。而动物园内的动物群体虽然没有生存压力，但很多还会有这种习性出现。群体会排挤老年个体，导致老年个体得不到足够的食物和生存空间。此时我们就会将这些老年个体单独饲养，让它们也有一个安详的“晚年”（图 4–23）。

图 4–23 老年的鬣羚

第二，孕期动物。大部分动物群体都会有强势个体，它们拥有群体内优先的交配权。因此，强势个体会在发情时出现追打孕期雌性个体甚至伤害其他幼崽的情况。在自然界，这是生物对自身基因向下遗传的一种本能，是一种正常的现象。但在动物园，出于动物福利的因素，我们需要对每一个个体进行保护。所以当出现孕期动物被追赶时，我们就需要将其隔离饲养，保证雌性和幼崽的安全。

当然，一个笼舍内只有一只动物的原因还有很多。动物园对于动物是否需要单独饲养都有严格的评估标准，这不仅需要扎实的理论知识，更需要大量的实际工作经验。但有一点是我们所有工作的基本目标，那就是保证动物福利，一切以动物福利为出发点，对每一个个体都应该尊重和负责。所以，大家下次来动物园看到单独的动物时，不妨想想为什么这个动物是单独一只的，换个角度来游览动物园。

小问题

1. 所有动物都喜欢有人陪它吗？

答：________。不是。有喜欢独居的动物

2. 群居动物也需要单独隔离吗？为什么？

答：________。有时候需要，因为发情、保温、生病受伤等情况

3. 怀孕动物有时会需要单独隔离吗？为什么？

答：________。需要。因为怀孕个体会遭到群体内强势个体的欺负

第五章

动物园里的特别人才

新时代保育员

郁超杰

妞妞现在知道为什么有些动物是独自待在一个笼舍了，蹦蹦跳跳地跟着妈妈往前走。突然，妞妞高兴地笑了起来，她拉着妈妈的手说：“妈妈，我想到了，每个动物都有保育员叔叔阿姨陪呀，所以它们肯定不会感到孤单的。”妈妈听了也笑了：“对啊，所以保育员们真的是很厉害呢。”妞妞又好奇地问道：“妈妈，那动物园的保育员每天都需要做点什么呢？”刚说完，就看到前面大象馆人头攒动，听声音应该是保育员在介绍动物园的大象呢。

动物园作为一种动物圈养场所随着人类社会的进步而不断发展。在古代，世界各国就有收集并饲养珍稀野生动物的历史，奥地利维也纳美泉宫动物园是世界第一个现代动物园。20 世纪初，随着经济的发展，人们的文化需求增长，动物园成为大众休闲娱乐的重要场所。21 世纪中叶，随着人类保护意识的逐步加强，动物园的功能也由单纯的猎奇观赏转变为休闲娱乐、科普教育、科研、迁地保护等方面。

与之对应的就是动物园里工作人员的职能转变。以前的动物园只是满足人们观赏珍禽异兽的需求，动物园里的动物足够丰富，能健康地活着就可以了，可以称为“饲养员时期”，饲养员的工作就是每天为动物们打扫卫生和饲喂食物。当代动物园职能的转变相应地就要求当代工作人员首先要具有一定的专业知识，能够参与课题研究，还要能来到台前为游客进行讲解（图 5-1）。这就是新时代保育员新的职责。这么说大家可能还是没有明确的概念，那就让我一点点地为大家解读保育员的具体职能吧。

图 5-1　保育员为小朋友们讲解鸟类知识

首先说说科普教育工作，这有两个方面：一方面是对游客科普动物的相关知识及动物趣闻，这既要求保育员有充足的知识储备，又要求保育员和动物朝夕相处对讲解的动物个体足够熟悉；另一方面是保护教育，由于人们生活水平和个人素质的提高，人们对野生动物的关注逐渐增多，我们的工作就是要告诉大家为什么要保护动物，如何来保护动物。其次让我们来谈谈动物园里的科学研究，野生动物因其特殊性，很多科研项目在野外无法进行，需要动物园的配合，如一些疾病研究、繁殖生理等。现在的保育员都是相关专业本科以上学历，具有一定的科研经历与能力，是动物园科学研究的主力军。最后说说迁地保护。迁地保护是指为了保护生物多样性，把因生存条件不复存在、物种数量极少或难以找到配偶等，生存和繁衍受到严重威胁的物种迁出原地，移入动物园、植物园、水族馆和濒危动物繁殖中心，进行特殊保护和管理，是对就地保护的补充，是生物多样性保护的重要部分。这就要求保育员对保护的物种有充分的了解，不论是个体方面还是环境方面都要了如指掌，只有这样才能在动物园中重建野生动物在野外的家园，让它们能够在动物园的保护下生存繁衍（图 5-2）。

图 5-2　保育员与动物建立信任关系

圈养的野生动物均直接或间接地来源于野生环境中，在人工饲养条件下即使经过几代饲养，仍具有较大的野性，其对人工饲养管理仍存有较大的应激反应，这对动物园的饲养管理工作造成了很多困扰。为了最大限度地降低野生动物的应激反应，使圈养野生动物能够在饲养管理人员的指令下顺利进行展出和疫病预防等工作，减少施加于野生动物身上的强制措施，减轻动物的痛苦，保育员身上都有一份艰巨的任务——动物行为训练。不同于表演性质的训练，保育员进行的行为训练都是以心理学为基础，采用正向刺激，以鼓励的形式进行，不会惩罚动物，对动物的个体不会造成伤害（图 5-3）。

图 5-3 保育员对饲养动物进行体检训练

接下来我们说说保育员日常工作的另外一项重要组成部分——动物丰容。丰容的作用就是提供适宜的生活环境、娱乐设施、丰富的取食模式，改善种群结构，使动物在动物园中能真正地生活得愉快和健康。而保育员所需要做的就是根据不同动物的不同需求，提供给它们所需要的一切，为了让动物尽可能展现接近野外环境下的行为（图 5-4）。我们为它们提供垫料、栖架、水池、玩具、取食器等，耐心仔细地观察，绞尽脑汁地思考，只是为了了解它们多一点，给予它们多一点。

图 5-4 保育员指导小朋友 一起为动物做丰容

其实除了上面这些职能以外，即使是我们简简单单的日常工作也都是丰富多彩的，动物的吃喝拉撒睡每一样事情都需要保育员们操心。笼舍的清理自不用说，打扫、消毒一样都不能马虎。此外，每一份日常饲料的配比都是经过我们细心研究，既要考虑动物的食性、身体指标和生理状态，又要营养搭配，瓜果蔬菜要与季节相适应等。夏天防暑，冬天防寒，繁殖季节的悉心照料和耐心守候，这些点点滴滴的小事组成了保育员的所有工作。

说了这么多，不知道大家有没有对新时代保育员有一个完整的印象。我们努力工作只是为了让动物生活得更好，这是我们的初心，也是我们的使命。希望越来越多的朋友能了解这个职业，能理解我们的默默付出和重大职责。

小问题

1. 现代动物园有哪些职能？

答：________。休闲娱乐、科普教育、科学研究、迁地保护等

2. 动物行为训练等同于动物表演吗？

答：________。不同于

3. 动物行为训练会惩罚、伤害动物吗？

答：________。不会

4. 所有动物的丰容方式都是相同的吗？

答：________。不是

动物训练如何进行?

汪丽芬

了解了动物保育员的工作职责以后，妞妞觉得这些叔叔阿姨真是太厉害了。原来他们除了需要照顾这些动物，还需要教它们本领呀，就好像学校里的老师一样。妞妞好像又遇到了问题，她眨巴着眼睛好奇地问："妈妈，保育员是不是都有特殊本领，懂得动物的语言呀？不然小动物们怎么听懂他们的话呢？"妈妈听完就笑了："当然不是啦，保育员们呀，都是利用训练的方式让动物听话的呢。"

人可以通过语言进行沟通交流，动物之间通过叫声、肢体语言等传达信息、表达感情，人听不懂动物的语言，那动物能听懂我们的语言吗？能，动物能听懂我们简单的语言，跟着我们的指令完成简单的动作，不过这需要长期的训练才能做到，动物训练是我们保育员日常工作的一部分。

我们通过正强化的方式对动物进行训练。什么是正强化呢？正强化就是动物做出我们希望的行为时就给奖励强化，让动物做出更多我们希望的行为，但当动物做出我们不希望的行为时，我们忽略这种行为。

为什么要训练动物

动物跟我们人类一样会生病需要治疗，也需要进行健康体检、免疫预防等。但是动物园里都是野生动物，不是家里养的宠物，不会像宠物那样温顺乖巧地配合完成各项动作。野生动物自有其野性、凶猛的天性，对陌生人、陌生物品都很敏感，一个小小的注射器靠近都会害怕，人靠近也会害怕，当然也更不可能像人类那样配合医生。我们要想办法让动物尽可能地配合完成打针之类的各项医疗项目，动物训练的目的是让动物能够做出我们希望的行为，让动物自愿地配合兽医完成治疗、体检、免疫等。

通过训练，我们拉近了和动物之间的距离，可以帮助我们完成诸如隔离、打扫笼舍卫生之类的日常工作；通过训练，我们可以把动物更好地展示给游客，为游客做好科普服务；通过训练，锻炼动物的身体机能；通过训练，可以提高动物的学习认知能力，丰富动物的日常生活。但对动物进行训练的主要目的还是让动物在护理、治疗的过程中能自愿配合（图 5-5）。

图 5-5　保育员训练袋鼠配合检查育儿袋中的宝宝

训练动物做些什么

在炎热的夏天，动物精神状态不好了，我们会考虑动物是不是中暑了，这时我们希望动物能把臀部展示给我们，我们能用体温计测出肛温以评估动物是否中暑。动物跟婴幼儿一样，也需要定期打疫苗防止传染病的发生，这时就需要训练动物打针了。我们也需要了解动物的健康情况，身高、体重、心率、血液指标等各方面的情况，这时也需要定位、称重、采血、测心率等各项训练（图 5–6 和图 5–7）。兽医也会借助 B 超对动物进行检查，也会对动物进行 B 超训练。动物到了婚嫁年龄要找对象或者乔迁新居时，我们需要用转移笼转移动物，这时我们需要窜笼训练了，让动物能够自愿地进入转移笼。我们也会对动物进行口腔、眼睛等检查，给动物修剪指甲等，我们会根据动物自身的特点和行为习惯制定相应的训练项目。

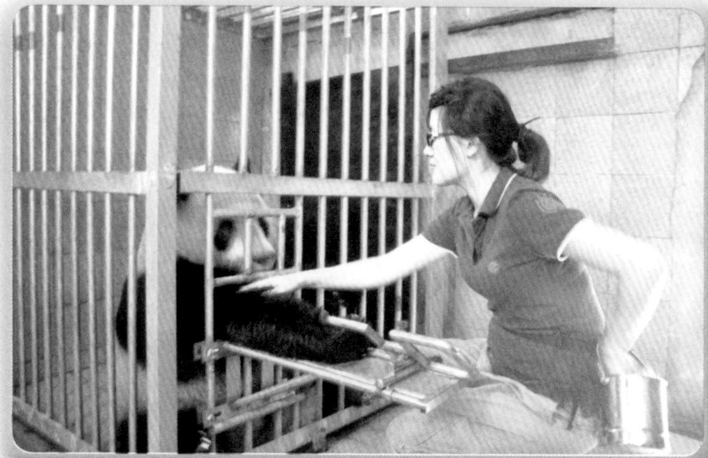

图 5–6　训练大熊猫配合采血体检

图 5–7　训练川金丝猴配合采血体检

动物训练工具

我们通过正强化的原理训练动物，正强化就是当动物某种行为发生后，训练员给了动物想要的事物，动物为了得到自己想要的事物而自愿做该行为，动物发生该行为的概率也增加了。

训练的工具有初级强化物、条件强化物和目标棒。初级强化物，如食物之类的能够满足动物的生理需求，食物是最常见也是用得最多的强化物。条件强化物又称为桥，因为它起到了桥接的作用，刚开始时桥对动物来说毫无意义，动物甚至会感到害怕。当我们把桥和初级强化物食物配对后（发出桥接信号后给予食物），桥就具有了食物之类的强化作用，桥可以是响片、哨子、手势、语音（诸如“好”“棒”之类的），响片和哨子是用得最多的条件强化物（图 5-8）。目标棒就是种目标物，目标棒的类型有很多，可大可小、可长可短，但要注意安全性，根据动物选择合适的目标棒（图 5-9）。目标棒要有个终端，该终端也是参考点，动物会向该目标靠近，如一根塑料管子，在管子的前部绑上红胶带就是个目标棒了。

图 5-8　响片在训练中的应用

图 5-9　目标棒在训练中的应用

动物训练方法

在开始训练前，训练员和动物间要建立良好的信任关系，这是训练前提，只有在此基础上才能进行训练，我们训练的方法主要有目标训练、塑性法、行为捕捉、引诱。

目标训练：在开始目标训练前我们要做好桥接训练（发出桥接信号，如按下响片给予食物，多次重复），让条件强化物起到强化的作用（动物明白响片是给予食物的信号）。目标棒首次在动物面前出现时，动物可能会害怕退缩，或出现用手来抓、用鼻子嗅、用嘴巴咬、用脑袋顶等各种反应。如果动物害怕目标棒靠近，当目标棒和动物保持一定距离时就按响片，接着慢慢缩短距离，让动物明白目标棒对它没有危险不用害怕目标棒，这也是个脱敏的过程，对新刺激不再害怕。如果目标棒靠近动物时，动物用鼻子来接触目标棒，按下响片，多次强化后，动物就会有意识地来触碰目标棒，这时我们就可以利用目标棒让动物跟随目标棒移动到训练笼，或者让动物待在特定的位置了，该项训练可以为其他训练奠定基础。

塑性法：就是把目标训练的整个过程分成很多的小步骤，一步一步去完成。例如，给动物臀部打针，第一步，让动物将臀部展示给我们；第二步，我们用棍子去触碰臀部，棍子等新引入的物件需要或长或短的时间去脱敏，当动物对棍子触碰脱敏后可以进行下一步；第三步，拿酒精棉球擦拭臀部，让动物熟悉酒精的感觉和气味；第四步，用磨钝的针头触碰臀部，力度由轻到重；第五步，直接用针头触碰臀部，完成打针训练。打针这个过程分解成这 5 个步骤完成，这个过程就是塑性。

行为捕捉：当动物出现了我们希望的行为时要及时给予强化，出现希望的行为这个过程可能会很短暂，我们要抓住时机给予强化。例如，动物靠近地磅并走到地磅上，4 只脚都踩在地榜上的瞬间就按响片强化。有时行为捕捉是条捷径，可以节省很多训练时间。有些行为也只能通过行为捕捉进行训练，如尿液采集，因为动物尿尿的偶然性，该项训练需要较长的时间。

引诱：出现在希望动物发生的行为前，如想让动物进训练笼事先在笼子里放食物，动物在食物的引诱下进训练笼。虽然引诱能有效导致期望行为的出现，但最好能取消引诱计划，在进入训练笼时给予比诱导物更多更好吃的食物作为强化物，让动物在没有引诱下也能进训练笼。

动物训练不是一朝一夕的事，需要长期的坚持，更需要有爱心与耐心。因为训练员与动物间进行的是无言语的沟通，因而让动物领会训练员的意图并非易事，不信我们可以做个训练游戏，扮演训练员和动物的角色。在游戏中不可以用语言、手势、眼神等，只能用响片作为交流工具，在游戏中对所希望出现的行为按下响片，通过训练游戏感受下动物的处境，更好地去理解训练过程中动物出现的行为。

小问题

1. 动物训练工具有哪些？

答：__________。初级强化物、条件强化物、目标棒

2. 动物训练的方法有哪些？

答：__________。目标训练、塑性法、行为捕捉、引诱

兽医是怎么给动物治病的？

应志豪

妞妞在听完保育员训练动物的方法以后，觉得这真是太神奇了。竟然只需要使用这么简单的口哨和响片，就可以让这些动物们乖乖做出这么多动作。她想着回家也要对家里的小狗“豆豆”进行一下训练，让它听自己的话奔跑跳跃，想想都觉得好玩。想到“豆豆”，妞妞又伤心起来，原来豆豆前几天生病了，现在还在宠物医院里接受治疗呢。她不禁想到，豆豆生病了是去宠物医院看病，那动物园里的动物们生病了，难道也要带去医院吗？

我们人类会生病，动物也会生病。人生病了去医院找医生医治，那动物园里的动物生病了怎么办呢？每个动物园都会设置兽医院，动物生病了，就由兽医院的兽医们给动物治病。那么兽医是怎么给动物治病的呢？

给动物治病，首先要判断动物是否生病，生了什么病。动物不像人会说话，可以告诉医生哪里痛、哪里不舒服等，动物园的兽医判断动物是否生病主要靠“望”“闻”“问”“切”中的“望”和“问”。“问”即问诊，通过询问的方式向保育员了解动物的饲养管理情况，包括动物的吃食情况、大小便情况、活动情况及发病动物的发展变化情况。“望”即视诊，兽医通过视觉直接观察动物，按照头、颈、胸、腹、脊柱、四肢、生殖器、肛门的顺序观察动物的精神及体态、姿势与运动、行为，观察皮毛等表被组织的情况，以及营养、发育状态等。如果毛色光亮、眼睛有神、昂首挺胸、平衡能力好，就说明动物没生病；如果毛色杂乱、眼神呆滞、头颈下垂等，则说明动物生病了。确定动物生病了，我们要搞清楚动物到底生了什么病，如皮肤病、内科病、传染病等，就要靠一些实验室的检查，包括动物血液的生理生化检查，动物排泄物、分泌物及其他体液的检查，B 超检查等。通过问诊、视诊、实验室检查及平常的经验积累可以初步判断动物生了什么病（图 5–10）。

图 5–10　训练黑猩猩配合体检

知道动物得了什么病，就开始给动物治病了。兽医们根据动物生病的严重程度选择不同的治病方法，大体分为吃药、打针、输液和手术等。这听起来跟我们去医院看病差不多，但里面还是有很多门道的。

吃药

一般动物病情比较轻，还有食欲，通过吃药就能恢复的就通过吃药治疗。但是，动物对药物的味道比较敏感，不容易喂进去，就像小朋友不愿意吃药一样，动物们也不愿意吃药，所以需要“骗”它们吃药。首先要选择有疗效且适口性比较好的药物，其次埋进动物最喜欢吃的食物里给动物吃。大部分动物都能通过这种方法顺利投喂药物，但是有些动物就比较“狡猾”，它们会把食物吃进去，把药吐出来。那么我们就要想别的办法了。例如，把药磨成粉再埋进食物里，溶到果汁里，做到窝窝头里等，让动物把药吃进去。

打针

动物病情相对比较严重了，不爱吃食物了，就无法喂药了，因此要通过打针将药物注射到动物体内。动物园的动物不会乖乖听话让兽医打针，相反，它们会跑来跑去害怕打针，就算生病的动物平常都躺下了，看到兽医过来打针也会躲躲闪闪。因此，动物园的兽医个个都是“狙击手”，他们给动物打针就像“狙击手”一样远距离命中目标。他们的“枪”是一根一米多长的空心不锈钢管，专用名词是“吹管”，他们的“子弹”是特制的注射器，专用名词是“吹针”。一般针头的注射孔设计在最前端，而这种针头上的注射孔在侧面，针头上还有个胶皮的小套，而且针管上还安装了一条特制的橡皮筋，先抽好一针管药液后，就把针头上的注射孔用胶皮小套堵住，再把橡皮筋安装好，这样在针管内部就形成了一个压强比外界大的盛满了液体的密闭空间，当胶皮小套从针孔上移开的时候，内外大气压相连，液体从气压高的地方就被挤到了气压低的地方，即所有液体都会在胶皮小套移开的那一刻从小孔里喷出来。当针管扎入动物皮肤的时候，胶皮套就被向后推开了，小孔露出来，注射液也就注射进了动物的身体里。这就是用吹管来打针的原理。怎样把“吹针”扎入动物皮肤里是一项技术活，兽医会在笼子边上找一个比较隐蔽的地方，等待动物走进射程，这个过程可能会很漫长，动物有时候很警觉，在其他地方走来走去就是不走进射程，这时兽医就需要耐心等待，当动物走进射程后用力一吹把针管吹进动物皮肤里（图 5-11）。

图 5-11　兽医给鹿吹针治疗

现在动物园的保育员们都在积极开展动物训练，训练成功后动物就会听保育员的话，乖乖地坐在笼子旁边让兽医们打针，这样治疗动物就更加方便了。

输液

输液俗称“打点滴”“挂盐水”，是利用大气压和液体静压原理将大量无菌液体、电解质、药物由静脉输入体内以补充体液、电解质或提供营养物质的方法。我们人类经常会去医院输液，如发高烧了、得肺炎了等，动物生病严重了也需要输液，跟打针一样，动物们也不会乖乖地等兽医输液，首先需要给动物保定起来。保定分为物理保定和化学保定，物理保定就是用网兜网住或关进治疗笼让动物不乱动；化学保定就是用保定药物或麻醉药物让动物麻醉。不同的动物有不同的静脉血管走向，因此兽医要了解不同动物的静脉血管走向，以便给不同动物输液。同样，动物训练后给动物输液不需要保定了，动物也不会害怕了，兽医也会方便很多（图5-12）。

图 5-12　兽医为东方白鹳输液治疗

手术

当动物生的病靠吃药、打针、输液都无法治愈的时候，兽医们就考虑采用手术治疗了。有时候肠道堵住了，兽医们要做手术把堵住的东西取出来；有时候动物生宝宝难产了，兽医们要做手术把动物宝宝接生出来；

有时候动物吃了异物卡在食道里了，兽医们要做手术把卡住的异物取出来；有时候动物打架受伤比较严重，兽医们要做手术把受伤的皮肤缝合；有时候动物身体里长了肿瘤，兽医们要做手术把肿瘤切除掉等。兽医院有专门的手术室进行动物手术，手术室里还有各种手术用的仪器设备。兽医给动物做手术还有专业的流程，手术完成后还需要专业的护理才能使动物完全恢复健康（图5-13）。

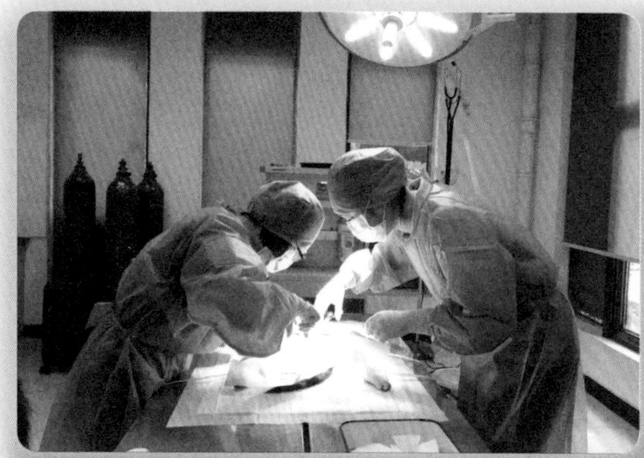

图 5-13　手术治疗动物

兽医通过自己的努力帮助动物们远离病痛的折磨，平时做好健康管理和疾病预防，生病的时候则拿出最合理、最适合这种动物的治疗方案，这就是我们动物园中兽医的职责和使命了。看到动物园里的动物每天都能健康快乐地成长就是对我们的努力最大的回报。

小问题

1. 兽医们给动物治病的方法有哪些？

答：＿＿＿＿＿＿。吃药、打针、输液、手术

2. 为什么说动物园里的兽医个个都是"狙击手"？

答：＿＿＿＿＿＿。

因为兽医给动物打针就像"狙击手"一样，都是远距离命中目标

3. 动物身体里长了肿瘤，兽医应该怎么办呢？

答：＿＿＿＿＿＿。兽医需要做手术把肿瘤切除掉

化验员让寄生虫无所遁形

陈玎玎

原来动物园除了有照顾动物的保育员，还有专门给动物治病的医生呀，妞妞觉得这些动物好幸福啊。走着走着，妞妞就跟妈妈来到了金鱼园，这些鱼可真漂亮呀，红红的身体，还有大大的眼睛。妞妞看到前面有几个保育员站在一起，其中还有一个穿着白色大褂的阿姨，妞妞好奇地走上前去问道："阿姨，你是动物医生吗？是小鱼生病了吗？"白大褂阿姨晃了晃手上塑封袋中装着的几条小鱼，笑道："小朋友，阿姨不是医生，是实验室的化验员。这里有几条金鱼生病了，我们一起去显微镜下看看它们发生了什么吧。"

实验室收到了金鱼园送来的一个样本，一条体形瘦弱的金鱼。仔细观察鱼身，可以发现金鱼体表有几个奇怪的突起。用棉签刮下突起，放在玻璃载玻片上，再滴上一滴生理盐水，放到显微镜下一看：哦！是鱼虱啊（图 5-14）！

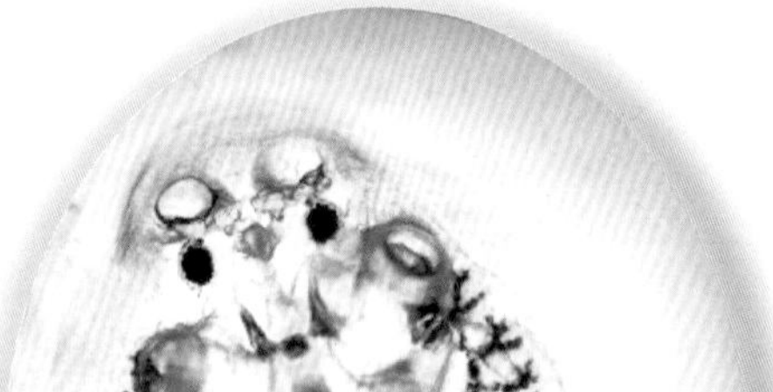

图 5-14　显微镜下的鱼虱

这就是显微镜下的鱼虱，图片从上到下依次可以看到头部一对复眼，再往下是口器和尾鳍等。鱼虱身体很薄，体色几乎是透明的，跟随宿主的颜

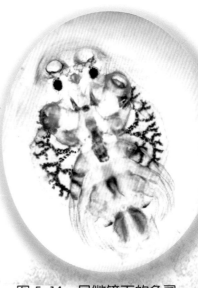

色变化自己的颜色，因此不容易被发现。整只鱼虱看起来就像一个络腮胡子的老爷爷，有一种奇怪的萌感。

鱼虱并不“挑食”，各种淡水鱼都可以被寄生，一般附在鱼鳍根部、嘴周等血液比较丰富的区域，吸饱血后就离开，找个安静的角落（如水草上或水体壁上）消化，消化完之后再换一条鱼，并不会吊在同一条宿主上。同时，雌虱受精后会在石块或水生植物上附着后产下长条状排列的卵，每次可排 100 ～ 300 个。卵孵化后自行找鱼附生。

同样具有这种奇怪萌感的还有一种——贾第鞭毛虫，寄生在消化道。水滴状的外形，轴柱左右两个细胞核恰似两只眼睛，再加上几根飘逸的鞭毛，真是潇洒啊（图 5-15）。

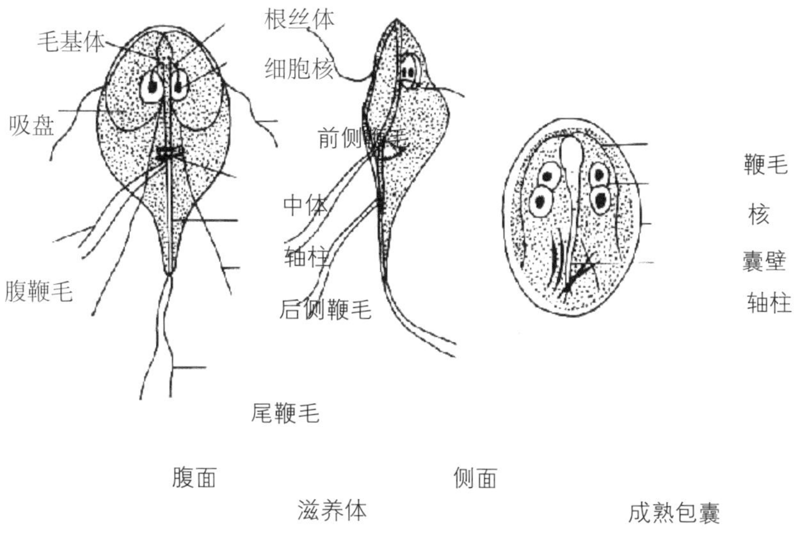

图 5-15　贾第鞭毛虫

这两种虫都是体形极小的真核生物，鱼虱尚且能用肉眼看到，贾第鞭毛虫却一定要在显微镜下观察。它们有一个共同的名字——寄生虫。

说起寄生虫，大家应该都不陌生，针管战士——蚊子妹妹，就是寄生虫，蛔虫也是。很多时候，寄生虫是与恐怖故事有关的，让人觉得恶心。

寄生是一种生活方式，寄生虫独立生活在宿主（人类或者动物等）表面或者内部，并直接从宿主身上吸取营养以生存。寄生虫小可比红细胞，类似原生动物，大可及蠕虫或蜱，肉眼可见，贾第鞭毛虫和鱼虱就是一小一大的典型。寄生虫对被寄生宿主的危害主要包括其作为病原引起的寄生虫病及作为疾病传播的媒介。

从寄生部位上看，寄生虫可以分为体外寄生虫、体内寄生虫两大类。体外寄生虫附着于宿主体表生存，如蚊子、螨虫、蜱和鱼虱。体内寄生虫则生活于宿主体内，它们可以寄生在消化道的肠道、肝脏、胆囊等，也可以寄生在循环系统的血液和淋巴液中，还可以寄生在呼吸道和泌尿系统，如贾第鞭毛虫、蛔虫、钩虫、蛲虫、肝吸虫、肺吸虫、姜片吸虫、绦虫等。

寄生虫繁殖能力极强，它们的一生通常用生活史来表示，包括生长、发育和繁殖的全过程（图 5-16）。不同寄生虫生活史各有不同，有些发育中不需要中间宿主，而有些则需要一个甚至多个中间宿主，以完成整

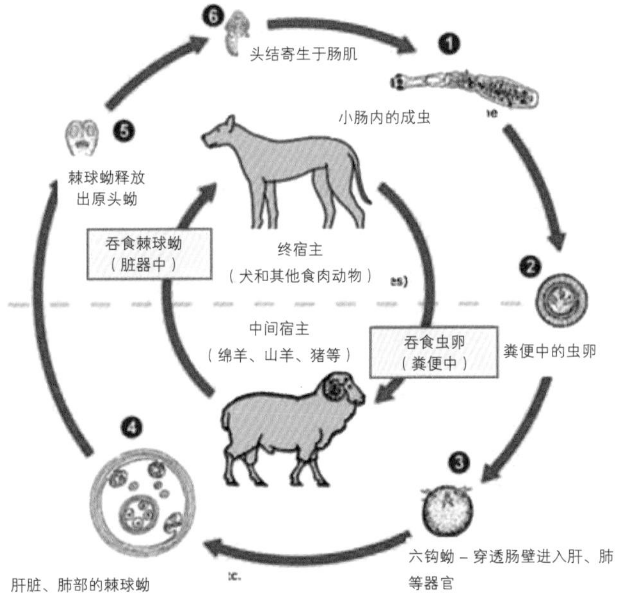

图 5-16　绦虫的生活史

个生活史。前文所说的鱼虱，就不需要中间宿主。从生活史中，我们就可以看出，寄生虫的一辈子是复杂的，其中一个环节稍有不慎，就无法完成，因此人类（或者兽医）只要找准寄生虫生活史中的一个环节，采取针对性措施（如彻底的环境消毒），寄生虫就无法完成它们的生活史，从而人为抑制寄生虫病的流行。而对个体的驱虫，涉及具体的驱虫处方，就要依靠实验室检测手段了。

动物园由于野生动物品种众多，密度较大，可以说是寄生虫感染的一大灾区，因此平时的驱虫和防疫工作就显得十分重要。如何通过实验室检验，确定被寄生虫感染的个体动物和感染情况呢？轮到我们的化验员出场啦！

寄生虫检查属于兽医工作的一部分，类似于医院的检验科，有些兽医院由兽医兼任化验工作，方便更好地了解动物个体；也有些将兽医工作粗略划分，将寄生虫检查等实验室工作相对独立出来由小部分人负责，这些人，我们简单称为化验员。

化验员是如何发现寄生虫的呢？寄生虫的诊断标准是，在患病动物体表或体内发现相关寄生虫虫卵、幼虫或成虫，体内直接发现或实验室检查发现皆可。例如，在血涂片样本中发现疟原虫，在粪便样本中发现蛔虫卵（图 5-17），或在猪肉中发现绦虫囊尾蚴等。有了这些发现，就

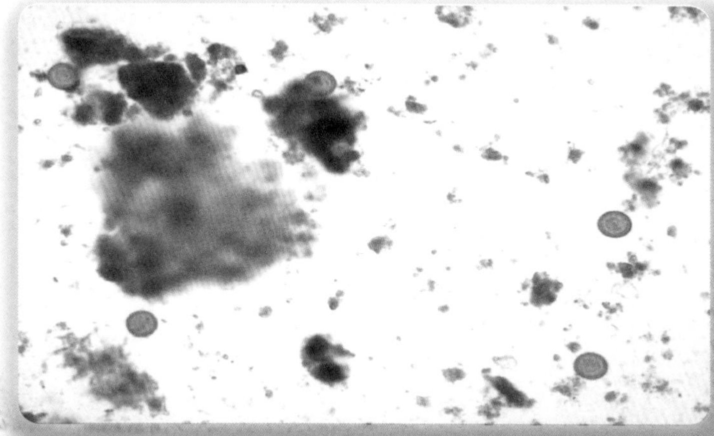

图 5-17　狗獾粪便直接涂片检查到的蛔虫卵

可以确诊寄生虫病了。另外，还有免疫学诊断（如通过检测动物体内相关抗体或抗原）或分子生物学诊断（如 PCR）等，由于操作相对复杂，一般用于进一步科研研究。对于动物园常见寄生虫病来说，显微镜是发现寄生虫的一大有力武器。

前文也已提及寄生虫的分类。对于体表寄生虫的检查，可以采用肉眼观察和显微镜观察相结合的方法。被感染部位的皮肤状况会与健康皮肤有所区别，这可以帮助定位感染部位。蜱等寄生于动物体表，个体较大，通过肉眼观察就可发现；螨虫等个体较小，就需要刮取皮肤样本，在显微镜下寻找虫体或卵。刮取样本的时候有个小技巧，基于扩大地盘的原因，感染部位和健康部位交界处的虫体较为活跃，因此，如果在这些地方取样，寄生虫检出率会比较高。

体内寄生虫检查，主要靠显微镜，取样样本包括血液、粪便、痰液、尿液等。各种样本处理方法略有不同，单是粪便样本的检查方法就包括直接涂片法、漂浮集卵法、沉淀集卵法、麦氏计数法、毛蚴孵化法等。

直接涂片法最为简单，也最为常用。取粪便加适量水混匀，均匀涂在载玻片上，再在显微镜下观察。可依据虫卵的形状、大小、结构和其他特征等加以鉴别。但它的检出率不高，并不一定能看到寄生虫，为了提高检出率，必要时需要多次取样。

在化验员眼里，寄生虫是无所遁形的。对于新入园动物，动物园会在隔离期对其进行全方位检查，其中当然包括检查寄生虫。如果发现有寄生虫感染，那么隔离期就可能要延长。另外，动物园每年两次，会对全园动物进行寄生虫普查。对于感染情况较为严重的动物，还会进行不定期检查。

那么，在发现了寄生虫、了解了寄生虫感染情况之后，动物园会做些什么呢？最常规也是最基础的工作就是保洁环境，勤消毒，动物园有一整套的清洁消毒流程，用于有效切断传播途径，阻止寄生虫生活史的完成。然后就是针对性地进行个体驱虫了，兽医会根据动物个体体重、寄生虫感染情况选择合适的药品和剂量驱虫，并进行定期复查。

还记得文章开头的金鱼吗？这条鱼就是正处于隔离期的新入园金鱼，它的一部分小伙伴被发现感染鱼虱后得到了兽医的及时治疗，因为感染情况不严重，大多数都被治愈了，在接下来的日子里融入金鱼园的各个展箱中，但是它却因为体质太差而未能存活。

作为普通游客，在游览动物园时能对动物寄生虫病的预防和治疗做些什么呢？关键因素就在于多方位防止交叉感染。首先，绝对不要携带宠物或者其他动物进入动物园；其次，不要近距离接触野生动物，空气飞沫中也可能有一些具有传染力的病原体；最后，注意个人卫生，勤洗手，离开动物园后记得清洗鞋底及衣物。

小问题

1. 鱼虱寄生在什么动物身上？

A. 什么动物都可以　B. 各种淡水鱼都可以

C. 只能是金鱼　D. 水草

答：__________。B

2. 下列哪一项不属于寄生虫？

A. 贾第鞭毛虫　B. 蛔虫　C. 瓢虫　D. 绦虫

答：__________。C

3. 寄生虫只有在显微镜下才能看得到，对吗？

A. 对　B. 不对

答：__________。B

展区设计师任重道远

俞红燕

原来除了给小动物看病的医生外，还有化验员这样的幕后工作人员，妞妞今天真是大开眼界，觉得照顾动物真是太不容易了。在跟化验员阿姨挥手道别以后，妞妞跟着妈妈继续参观。走着走着，她们被一些画着黑猩猩图案的彩色布条拦住了，上面挂了一块大大的说明牌：黑猩猩笼舍施工改造。妈妈看到妞妞微微皱起的眉头，就猜到她在想什么，笑着说："妞妞，照顾动物有保育员，给动物看病有兽医和化验员，给动物造房子当然有展区设计师啦，这可不是一件容易的事哦。"

给动物们建造房子可不是一件容易的事情，因为居住的动物们来自不同的地域，可谓来自四面八方、五湖四海。这可比给人建造房子要难上许多。试想一下，虽然来自不同地域的人肤色、语言差别很大，但是他们的体形和需求可是差不多的，因此给人建造的房子基本上都大同小异，差不多的层高、差不多宽的门就可以了。

而动物们的体形和需求却是千差万别的。大象的体形和重量可是数一数二的，这么一个庞然大物，建的房子也肯定很大吧！可以想象，若把大象的门做窄了，大象可是会被卡在门口的；如果把长颈鹿的房子做矮了，那长颈鹿估计天天要碰到天花板了；给一只蜥蜴搭建的房间如果太大，那饲养员估计就要找一上午才能找到它了……所以，动物园的展区可不能依样画葫芦，不同动物的展区都是千差万别、有理有据的。动物园不同的展区都是出自展区设计师之手。

那么，动物园展区设计师是根据什么来设计展区的呢？

首先，要确定展区的大小。这就要考虑到动物的体形，体形大的动物当然要住在大的展区里，而体形小的动物就要住在小的房间了。那么，展区的大小仅仅和动物的体形有关吗？答案是否定的。有些动物是群居的，如黑猩猩，它们是很多的个体在一起生活，而且它们活动量特别多，喜欢上蹿下跳，相互追逐，嬉笑打闹，所以黑猩猩的场馆也会比较大，因为一个展区要容纳一整个群体（图 5–18）。而黑熊基本上都是独处的，而且它们的活动量也不如黑猩猩，所以它们的场馆相对于黑猩猩群体的场馆要小上许多。所以，设计师主要是根据动物的体形、活动量和群体中动物数量来确定展区大小的。

图 5–18　黑猩猩的外展区

其次，要给展区地貌定调。这就要考虑到动物的野外生境，所谓生境就是动物在野外条件下生存的环境。例如，耳廓狐生活在沙漠地带，因此，把展区营造成一个沙漠环境；在老虎的展区中种上高低错落的树木，重现山林生活的状态；在巨嘴鸟馆里种上茂密的植被，展现热带雨林的场景……这些都是尽可能地恢复野外生境的例子。这不仅是对公众的一个直观展示，正确地引导公众教育，更是对动物一些生理需求的满足。

例如，水獭喜欢在水里游泳，也会在水边筑巢，那么水池就是水獭的一个需求，而且也能很好地展现水獭的自然习性，它们会在水里抓泥鳅、嬉戏、交配等。

再次，要设计展区基础设施。这就要考虑到动物野外分布地域的气候。来自七大洲四大洋的动物聚集在一个动物园里，有来自高纬度的寒带、低纬度的热带及介于两者之间的亚热带等，也有来自高海拔的高原、低海拔的平原等。因此，不同动物对外界环境的要求也是千差万别的。来自非洲的黑猩猩渴望有明媚的阳光，若在下雪天估计就是蜷缩在角落里瑟瑟发抖，或者和同伴相互取暖了；来自高原的川金丝猴害怕炎热的夏天，一身厚厚的毛发散热都是问题……不仅动物之间对气温的需求差异很多，不同地区的动物园所处的气候也是相差极大的，如广州动物园和北京动物园，所以展区设计师在设计动物保温、降温的基础设施时，不仅要考虑不同动物的需求，还要根据实地情况来进行设计，安装适合它们的“空调”和“地暖”（图 5-19）。然而，动物可不像人一样，它们会破坏保暖和降温的设施。所以，设计师们必须在如何保护设施上绞尽一番脑汁。

图 5-19　细尾獴的室内保温设施

从次，要确定展区的环境丰容项目。环境丰容，通俗来讲，就是增加展区中的物品，让动物更好地展现自然习性，所以这就要求考虑到动物的自然习性。虽然生境可以满足一部分的动物习性，但是动物的很多生理需求还是满足不了。例如，亚洲象喜欢滚泥沙，把庞大的身体倚靠在泥沙的斜坡上，休息一会儿，当需要起来时靠双脚不断带动身体晃动，然后站立起来，如果整个展区都是平地，那亚洲象都不敢休息了，怕躺下去就起不来了，可以看到亚洲象展区里肯定会有几处泥沙填好的“坑”；川金丝猴喜欢爬到高处，可以看到它们在树上身手敏捷的样子，打闹、休息也都在树上，树木是少不了的，还要设置很多的栖架和吊绳，可以让它们尽可能在空中“摇摆”；细尾獴喜欢打洞，它的展区就是一个用泥沙堆砌起来的小山坡，这样就可以经常看到它们打洞时勤劳的身影了。所以，想看到更加真实、生动、自然的动物状态，环境丰容是一项最基本的工作。

最后，要合理规划展区功能。展区设计师对展区的设计要顺从使用者的需求，这里所说的使用者不仅仅是动物，还有饲养员和游客。例如，要考虑游客的参观路线，尽量让游客少走重复路；也要考虑饲养员的操作路线，做到操作平台的合理设计。因此，动物园展区设计师不仅仅是对动物需求的满足，还有对饲养员和游客需求的满足。只有达到三者之间的平衡，才能算是一个成功的展区设计，否则偏袒任何一方，都会导致其他方的“怨言”。除此之外，训练空间、医疗隔间、育幼房间、转移通道等都是需要考虑的功能区域，在设计初期就需要合理规划展区的功能。特殊的功能与空间的结合决定了完备的展区设计应包括以下空间：管理通道、饲养管理后勤保障区、饲养管理操作区、动物转运空间、室内展区、隔离空间、室外展区、游客参观通道、室内参观区、室外参观区（图5-20）。

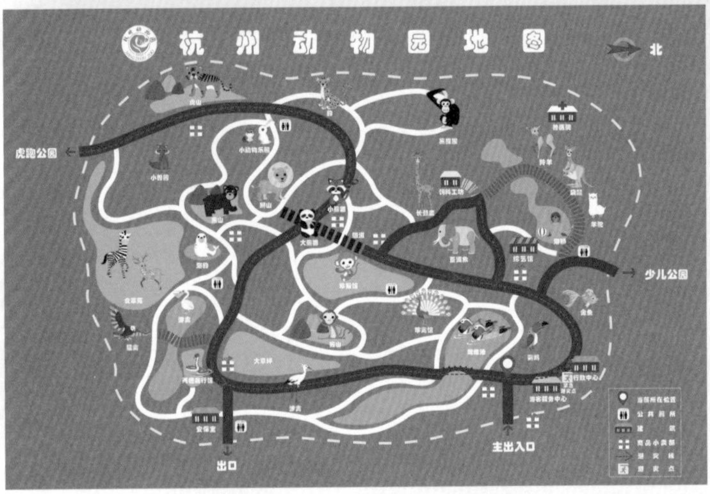

图 5-20 展区路径分析

总之，对动物园展区设计要顺从使用者需求，结合动物自然行为和栖息地特征，以及平衡动物与游客、动物与饲养员之间的需求，重视植物的使用等设计思路进行探讨（图 5-21），为增加展区丰容度，使动物能展示自然行为及社会交往互动，同时对游客提供多重感官的兴奋体验，

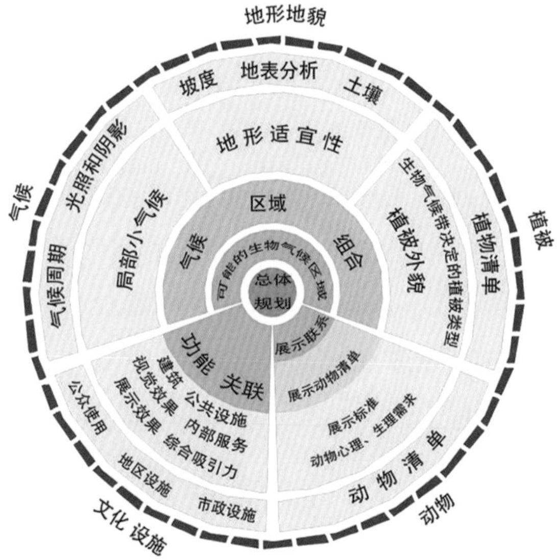

图 5-21 好的展区涉及众多因素

从而实现动物园的保护和教育目标。综合来看，动物园的四大功能是保护、教育、研究、娱乐，其落脚点是动物保护研究和科普教育，这些功能决定了动物园的公益性质，即动物园承担着向全社会进行环境教育保护的任务。因此，在动物园的动物展区规划、设计和建设中必须为适应和满足这些目标服务。

因此，一个好的展区设计，必然使得饲养员工作事半功倍、游客赏心悦目，最重要的是动物的感觉如回归自然。

小问题

1. 设计动物展区最先需要确定的是什么因素？

答：______。展区的大小

2. 耳廓狐的展区需要设计成什么样的地貌？

答：______。类似沙漠的环境

3. 展区设计需要平衡哪三者之间的关系？

答：______。游客、饲养员、动物

4. 金丝猴喜欢什么样的丰容项目？

A. 泥沙　　B. 栖架、吊绳　　C. 水池　　D. 玩具球

答：______。B

保护教育工作者爱与知识的传递

郑应婕

原来给动物造房子有这么多讲究，妞妞想到刚刚好多展区都是匆匆忙忙看看动物就走了，感到特别后悔。想着想着就来到了鹦鹉展区，咦，那边有好多小朋友围着一位穿绿色马甲的大姐姐。姐姐手上拿着好多鸟类的羽毛，正在说着什么。妞妞急忙松开妈妈的手跑上去一探究竟。原来这位漂亮姐姐也是动物园的工作人员，是一名保护教育工作者，正在给小朋友们讲解鸟类的特点和展区环境的关系呢。“听了这个姐姐的讲解，感觉自己和这些漂亮的鹦鹉关系更近了呢。”妞妞高兴地说道。

我们是谁？

你知道吗？动物园里有那么一群人，他们常常被称为老师，却跟一般老师一板一眼的形象大不相同，他们总是带着一群小朋友穿梭在动物园的各个角落，手里拿着各种好玩的东西，脑袋里装着许多动植物知识，心中还有一份对自然由衷的爱，他们就是动物园里的自然科学老师——保护教育工作者。

什么是保护教育？

或许很多人都不知道保护教育是什么，其实，要说保护教育是现代动物园的核心使命也不为过。曾几何时，动物园的存在只是为了满足贵族猎奇的心理，而现在，动物园有着休闲娱乐、综合保护、科学研究、保护教育等多种职能，它不再仅仅是供人们玩乐的地方，更是人们了解自然，获取知识，甚至维护物种多样性的重要场所。目前，世界上有不少物种仅存在于动物园中，不少濒危野生动物种群也在动物园的努力下得到恢复。在中国，从 20 世纪 80 年代开始，一些动物园相继建立濒危野生动物繁育中心，朱鹮和大熊猫的救助、繁育和放归就是非常成功的例子。

在动物园行业，有一句话叫“源于自然，回归自然”。动物园是连接城市人群和自然环境的纽带，在这里展示的动物大部分直接或间接来自野外，动物园有义务为它们提供类似于其野外家园的生存环境。营养全面的食物、良好的居住环境、适合的种群结构、丰容和训练等无不是为了提高动物福利，让野生动物种群在动物园能得到延续，让游客在动物园就能看到它们自然的状态。在动物园进行的科学研究也能为野外保护起到巨大的推动作用。动物园存在的最终目的是要支持野外物种的延续，成为维护物种多样性的重要一环。

保护教育工作者所肩负的责任，就是要把我们现代动物园的保护理念用各种方式传递给大家，引导、支持人们树立正确的生态观，了解人类社会与自然的关系，从而参与到保护野生动物、维护生态平衡的队伍中。

他们做些什么？

保护教育工作者是一群富有激情、爱心和丰富知识的人，他们可能没有特定的专业，却汇集了各方人才。他们有的是保育员，有的是兽医，有的是教育人员，有的是设计师，有的是志愿者……不同教育背景、不同专业、不同特长的人凝聚在一起，形成了一个有着无限可能的团队，他们或许是对动物园了解最全面的一群人，因为他们需要把动物园所做的努力都传达给大家。

开展保护教育活动是他们日常工作的主要部分，每种野生动物都有自己的神奇之处，每座动物园也都有自己的历史故事，保护教育工作者要把这些故事融入自然课堂中，通过游戏、趣味课堂、动手项目等让大家喜欢上野生动物，关心它们的生存环境，并通过实践，为保护生态平衡出一份力。参加过动物园科普活动的人或许更有感触，好的保护教育活动不该是说教的，有意思、有知识、有想法、有实践的活动才能得到大家的共鸣。长臂猿的体色变化，亚洲象长鼻子的妙用，四季变化与动物的关系，甚至展区里一片不起眼的植物，到了保护教育工作者这里都是可以科普的素材，他们手里总是能够变出各种稀奇古怪的东西，用特殊的方式拉近游客和野生动物的距离。比起走马观花式的逛动物园，参加保护教育活动能获得的信息量能多上百倍，也会非常有意思（图 5-22）。

图 5-22　动物园的科普活动

讲解也是他们工作的一部分（图 5-23）。如果不是有着一定知识量的动物爱好者，来到动物园很可能会遇到这样的状况：动物们都在睡觉，动物们都躲起来了，动物们不爱理人。这是打开动物园的方式不对，请重启！通过保护教育工作者的解说，你会更加了解每种动物的特点，知道它们爱吃什么，什么时候活动，哪个季节更活泼、更漂亮，什么时候生宝宝……有了一定的动物知识做基础，再来逛动物园就能看到许多独特的风景。

图 5-23　科普讲解也是工作的一部分

不知道你在逛动物园的时候有没有仔细看过那些立在园区里的花花绿绿的科普牌，这可是保护教育工作者花了大心思做出来的，不看可就浪费了！这些牌子有些是说明性质的，里面包含了某个物种基本信息，如形态、习性、分布、保护状况等；有些特别值得关注的物种会有更详细的信息，如长臂猿的众生相、大熊猫的成长历程；还有些则很好地解释了大家心中的疑问，比如小兽为什么那么臭，大熊猫到底是猫还是熊，鹤顶红与丹顶鹤有关系吗；甚至还会有某些动物家庭成员的个体介绍牌，如黑猩猩，它们实在太有个性了！如果在游览动物园的过程中稍稍停下脚步看一看这些牌子，你就会得到许多有意思的信息，当别人乱念动物名字的时候，你可以自豪地报出名来。

保护教育工作者还会饲养一些小型的动物，他们称为项目动物。对于许多人来说，来到动物园就是希望能够近距离地接触动物。然而野生动物具有一定的危险性，也不是每种动物都适合近距离接触的。项目动物就是工作人员挑选出来不具有攻击性，跟人接触不容易过度害怕，带有一定教育意义，适合跟大家近距离接触的动物（图 5-24）。通过接触项目动物，学会有节制地喜爱野生动物，这就是保护它们。

图 5-24　部分可以接触的项目动物

我们的展望

其实动物园保护教育工作者能做的事情还有许多。例如，与保护区、高校、动物福利组织、野保组织、基金会等建立合作实现保护目标；募集资金协助野外保护；直接参与野外项目特别是本地物种保护项目。

而我们最希望看到的，是每一位进入动物园参观的游客都能在力所能及的范围内发挥自己的力量，为维护生态平衡出一份力，为造福子孙后代贡献出我们的力量。

小问题

1. 动物园是连接城市人群和什么的纽带？

答：______________。自然环境

2. 参加保护教育活动能比自己参观获得更多的信息量吗？

答：______________。能

3. 从什么地方可以了解到动物的各种具体信息，如名称、分布、习性等？

答：________。科普说明牌

4. 在保护教育中用到的适合接触的那些动物称为什么？

答：________。项目动物

第六章

濒危物种的繁育基地

动物园里繁育动物原来这么讲究，还有谱系

何　鑫

清晨动物园的珍猴馆里传来阵阵叫声，这是川金丝猴在聊天呢，雌性金丝猴圆圆说：“你家小美4岁了，是个美丽的大姑娘咯，可以考虑找如意郎君了啊！”小美妈妈说：“这件事可不用我们操心，以我的经验啊，动物园一定会为她安排好对象的，当年我跟小美爸爸也是‘包办婚姻’，当时我隔壁突然住进一个长相俊俏但不怎么说话的家伙，过了好几天我才知道它是从很远的地方来的。后来它跟我讲了好多它经历的故事，再后来……它就成了小美的爸爸。”圆圆说：“噢，原来小美爸爸是其他动物园来的啊。”小美妈妈说：“是啊，你来的时候她爸爸已经回到原来的动物园咯！”圆圆不明白了，明明动物园也有成年雄性金丝猴，为什么还要去其他动物园找金丝猴繁殖生育呢？一起来了解一下吧。

种群，就是生活在一定区域的同种动物的集合，动物一生的成长、繁殖基本都离不开种群。例如，生活在秦岭一带的全部川金丝猴可以算作一个种群，或者在一块岩石下的全部蚂蚁也可以算作一个种群。在自然选择和性选择的双重压力下，种群中的动物都会选择最适合的配偶来繁育下一代。那么，生活在动物园里的动物，离开了野外环境，是怎样做到优生优育的呢?

动物园是野生动物最后的诺亚方舟

动物园最早出现是满足人猎奇的心态，把一些珍稀动物圈养在笼子里供人观赏，这或多或少给动物园埋置了“娱乐”这一属性，乃至动物园发展至今，“去看看没见过的动物”仍然是吸引游客来园的一条理由。然而随着野外环境的破坏和人类社会文明的进步，对于游客而言，到动物园来不再仅仅是看看珍稀动物，更重要的是感受大自然的信息。对于动物园而言，也不仅仅是展出野生动物，更应该保护和恢复好野生动物种群，希望在条件允许的情况下放归自然。世界上有许多濒临灭绝的动物是在动物园起死回生的，如我国广为人知的珍稀鸟类朱鹮。甚至已有许多通过种群复壮计划回到了野外，如我国的普氏野马。然而不经管理的繁殖是没有意义的，即使繁殖的数量再多，也不能达到保护种群的目的。种群管理，概括来说，就是通过有效的计划和实施，来实现动物种群的恢复和壮大，维持种群的生物多样性。大家都知道我国大熊猫的繁育工作是相当成功的，而当大熊猫的繁育已经不再是物种保护的最大障碍时，如何科学合理地发展种群就是物种保护所面临的新问题了。

动物和人一样都有档案

要管理好种群，首先要清楚地知道每个动物个体，动物园一般用名字来区别动物个体。大家对一些珍稀动物有名字已习以为常，然而殊不知只有名字对于我们了解动物是远远不够的。就像我们每个人都有自己的档案，档案里会有我们的出生信息、学历信息等。动物也需要档案，那么动物的档案里究竟记录了些什么呢？主要包括个体信息（出生日期、父母是谁、性别、芯片或标记）、医疗信息（什么时间得了什么病，通过吃什么药治好的）、转移信息（什么时间从哪里来的）、死亡记录等。而对于种群管理而言，其中最重要的就是个体信息，相当于出身，如父母是谁、兄弟姐妹有哪些，这些信息是种群管理的关键因素。

除此之外，为了能保证每个动物个体都能参与繁殖，动物园必须做好日常的饲养管理，提高动物福利，给予动物所需要的环境因素，呈现动物该有的样子，以便当动物达到生育年龄之后，能够有足够强健的身体和合适的行为表现来参与繁殖。例如，对于大熊猫来说，发情的雄性大熊猫会通过倒立在环境中留下自己的气味，因此，四肢力量强健与否就非常重要了；鸟类在筑巢的时候都会寻找树枝等材料，动物园必须在它们筑巢的时候人为在它们环境中放置合适的材料，如稻草、小树枝等，以便鸟类搭建爱巢。在动物的档案中，最重要的信息就是动物的父母是谁。在一个动物园中，我们会清楚地记录一个种群中所有个体的出身信息，而仅靠一家动物园的数量是无法科学管理整个种群的。广义来说，每一个动物园的动物个体都属于这个物种的圈养种群，应该作为一个整体来管理。例如，整个四川的圈养大熊猫可以算作一个种群，全国的圈养大熊猫也可以算作一个种群，甚至全球的圈养大熊猫也是一个种群。种群的范围越大，种群的管理意义也就越大。以大熊猫为例，当我们搜集了全球的大熊猫的档案信息后，把每一个个体的父母信息，以及父母的父母、父母的父母的父母的信息全都查清楚后（直到追溯到野外个体，因为野外个体无法追溯父母信息），我们就有了这个物种的圈养谱系，通常是要通过输入软件实现的（如 SPARKS 软件）。每个个体都有一个谱系号，每个谱系号在全球大熊猫中都是唯一的。这就好比给这个动物种群做一个家谱。谱系号一旦确定就不再更改，即使这个个体死亡，其他个体也不再使用该谱系号。

合理的交配计划是保证物种基因多样性的必要手段

我们获得动物种群的谱系究竟有何用？这就说到种群管理中最重要的一部分了，就是制订合理的配对计划。在野外，动物找哪个个体繁殖都是由一股内在的洪荒之力驱动的，也主要由基因决定。简单来说，一只动物会尽可能地将自己的基因扩散开去，因此选择尽可能多的交配对象，并且它们之间有尽量远的亲缘关系是最优策略。但是，在动物园中，这一点是无法实现的。由于有限的个体，特别是适龄生育个体，一个动物园的动物只能和少量个别动物配对，而它们的后代又继续这个过程。最后的结果往往就是近亲交配的情况越来越严重。其实我国的人口计划就是一种种群管理，如禁止直系血亲和三代以内的旁系血亲结婚，目的就是避免近亲结婚增加患遗传疾病的概率。动物种群也同样存在这个问题。

为了避免或者降低这种近亲交配带来的不利影响，圈养动物种群也需要科学合理地配对。仍旧以大熊猫为例，在充分了解了所有圈养大熊猫的家族信息后，管理人员会为它们寻找门当户对的配偶，这里的门当户对仅仅是彼此的亲缘关系足够远。一般来说，种群的管理也是通过软件计算实现的。软件会计算出两个个体间的亲缘系数和近亲关系系数，当近亲关系超过 4 时，表示这两个个体就不适宜配对，或者说配对对整个种群的基因多样性没有太多的贡献，这就给合理配对提供了科学依据。2001 年，中国动物园协会（CAZG）启动了我国动物园历史上的第一项种群管理工作——与国际自然联盟保护繁殖专家组（CBSG）和美国华盛顿史密森尼国家动物园（Smithsonian National Zoological Park）开展了圈养大熊猫种群繁殖建议。截至 2018 年，中国动物园协会已经建立了超过25份濒危野生动物的谱系，每种动物的谱系都有相应的管理人员。例如，北京动物园是雪豹、血雉、白鹤等动物谱系的保存单位，重庆动物园是猩猩、黑猩猩、大猩猩的谱系保存单位。

总而言之，种群管理是动物园发挥易地保护作用中重要的一项工作，也是圈养野生动物可持续发展的唯一出路。

小问题

1. 动物园一般用什么来区别动物个体？

答：____________。名字

2. 动物档案中最重要的信息是什么？

答：____________。动物的父母是谁

3. 每个动物的谱系号是唯一的吗？

答：____________。是的

为什么要关注本地物种的保护？

王彬婷

什么是本地物种？几乎每个城市的动物园都有的长颈鹿是本地物种吗？当然不是，因为长颈鹿原产在遥远的非洲。那么我们耳熟能详、中国特有的大熊猫算吗？从广义上来说可以算；但是从狭义上来说，只有对于四川、甘肃等地来说算，但对于中国东部的上海、浙江等地来说就不算。所以我们应该弄清楚本地物种是什么。本地物种通常称为“当地物种”或“土著物种”，也就是在当地土生土长的动物。对于浙江而言，最具特色的本土物种就是毛冠鹿、黑麂、狼和豹猫等。

为什么要关注本地物种的保护呢？第一，全球不同的气候类型决定了各地分布的物种各有特色。本地的动物、植物、微生物等构成了本地特有的生态系统，一旦本地物种遭到破坏或者外来物种入侵，都会对本地生态系统、物种的多样性和当地的经济造成严重的危害。澳洲史上损失最惨重的生物入侵事件——兔灾，这场持续了百余年的“人兔之战”被公认为人类历史上最严重的生物入侵事件。由于澳大利亚没有鹰、狐狸和狼这些兔子的天敌，气候宜人，遍地是可口的青草，于是，一场几乎不受任何限制的可怕扩张开始了。在生物入侵的案例中，兔子是目前危害最为强烈的，对当地的经济和动植物造成了有史以来最大的伤害。第二，本地物种是生物多样性的重要基础。物种是生态系统的一个重要组成部分，在维护生态平衡中起着极其重要的作用。生物多样性是地球上全部陆地、海洋及其他水域等存在的物种及它们所拥有的遗传物质和它们所构成的生态系统的丰富度、多样化和复杂性的总称。只有本地物种得到有效保护，生物多样性才可能得到可持续发展。

与本地物种相对的就是外来物种。外来物种是由原来的自然分布区进入新的生态系统，并建立种群，对新生态系统造成影响的物种，往往造成一系列生态问题。例如，巴西龟是世界公认的生态杀手，已经被世界环境保护组织列为 100 多个最具破坏性的物种之一。或许你会问，既然外来物种对当地生态破坏如此严重，为什么我们要引入这些生物呢？在动物园中，外来物种的引入往往出于人类的猎奇心理，即对陌生、不熟悉的事物会格外好奇，在动物园中往往长颈鹿、猎豹等非洲动物的受关注度远远高于猪獾、豹猫等本土物种（图 6–1）。但是动物园中的非本土动物并不会造成当地生态的破坏。往往是一些不法商贩对于鳄龟等外来物种的虚假宣传，利用人们的善心做出一些放生行为。这些物种在当地没有天敌，从而导致繁殖泛滥成灾。这才是对本地生态最大的破坏。

图 6–1　本土物种狗獾

说了这么多，那么目前我们究竟是如何开展本土物种保护工作的呢？通常来说，本地动物物种的保护主要包括就地保护和移地保护两种模式。

就地保护主要指通过建立自然保护区，在动物原生栖息地开展的保护措施，这是本地保护最为有效的一项措施。在自然保护区中开展的保护主要有保护区内重点动物圈养繁殖和区域内全生态保护两种模式。第一种模式如安徽扬子鳄国家级自然保护区，于 1979 年创立，从几十条到目前圈养有国家重点保护动物扬子鳄一万余条。国内大部分保护区采用的均为第二种全生态保护。通过建立自然保护区，不仅可以保护濒危动物及其栖息地，而且可以使其他种类的野生动植物得到很好的保护。我国于 1956 年在广东肇庆的鼎湖山建立了第一个自然保护区——鼎湖山自然保护区。截至 2019 年，我国已建成自然保护区 2750 个，使相当一部分濒危动物得到切实保护，大熊猫、野驴、羚牛、金丝猴、大鸨等的数量已有明显增加。浙江共建立自然保护区 43 个，穿山甲、梅花鹿、云豹、扬子鳄等得到有效保护。到 2016 年年初，我国已经有 28 个自然保护区加入“世界生物圈保护区网”中。

移地保护是指把因生存条件不复存在、物种数量极少或难以配偶等原因，而生存和繁衍受到严重威胁的物种迁出原地，移入动物园、植物园、水族馆和濒危动物繁育中心，进行特殊的保护和管理。迁地保护是就地保护的补充，它为行将灭绝的生物提供了生存的最后机会。动物园是异地保护中最重要的动物繁育场所。但需强调的一点是，所有异地保护的最终目的均为动物的野外放归和再引入。

国内动物园中最为熟知的移地保护案例是华南虎和大熊猫的保护。目前，野外华南虎基本可以宣布灭绝，动物园中的华南虎种群则被称为这个物种最后的希望。在此情况下，经过中国动物园协会的努力和各家动物园的积极参与，将这一物种的圈养数量从 1985 年的十几只发展到现在的 180 余只。更被人熟知的成都大熊猫基地，在最初 6 只的基础上，发展到目前的 100 多只。这都是动物园作为最重要的移地保护机构对于生态做出的贡献。

其实，所有的动物园都在积极努力地参与这项工作。在这些努力下，一些珍贵的保护物种得以成功扩大。例如，上海动物园对于赤斑羚的圈养繁育，济南动物园对于塔尔羊的圈养繁育。而更多动物园选择的是本土物种的保护，例如，西宁野生动物园对于雪豹的保护，东北虎林园对于东北虎的保护。相比于这些受人瞩目的中大型食肉动物而言，一些小型鹿科动物和鸟类则相对受关注度低很多。例如，成都动物园对于毛冠鹿、

图 6-2 毛冠鹿

白唇鹿的保护（图 6-2）；南昌动物园对于靛冠噪鹛的保护，这种只生活在江西婺源的神奇鸟类，野外数量仅 150 余只，属于“极危”物种。

在杭州动物园中，也有一种特殊的本土物种，它们全身黑褐色，眼后的额部有一簇明显的淡黄色长毛，这就是仅分布在浙江、安徽、江西、福建四省交界处的珍惜鹿科动物——黑麂（图 6-3）。它是我国特有物种，为我国一级保护动物，是世界上公认的最珍贵的鹿科动物，国家林业局 2013—2017 年对野生黑麂种群调查的结果显示，野生黑麂总量不足 10 000 头，其中 60% 的数量分布在浙江境内。杭州动物园的黑麂圈养繁殖是从 1985 年开始的，最初收容救助了几只野外受伤个

图 6-3 杭州动物园中饲养的黑麂

体，在将它们治愈后进行配对繁殖，到2019年年底已经形成了16只的全国最大黑麂圈养种群。作为牵头单位，已经联合北京动物园、合肥野生动物园制订下一步饲养管理计划，积极扩大人工种群，为下一步野外放归工作打好坚实基础。

除了对于这些珍稀的本地物种的保护，动物园的植被绿化、生态环境也是一些野生动物栖息的天然场所。各种鸟类如夜鹭、红嘴蓝鹊、喜鹊、乌鸫等随处可见，与动物园内的动物相映成趣；也会有松鼠、刺猬、黄鼬等小型哺乳动物出没，是不是给了你很多惊喜；还有最容易被大家忽视的动物——昆虫，这种出现比人类早几亿年的物种，是构成生态平衡不可或缺的一员，最常见的有天牛、竹节虫、犀金龟、蝽、蟋蟀、螳螂、蜂蝶等，只要你有一双善于观察的眼睛，就一定能找到它们的身影（图6-4）。除了这些“常驻民”，动物园里还会有一些“外来客”（图6-5）。例如，每年冬天都会有一大批鸳鸯（图6-6）来到杭州动物园游禽湖边过冬，安静舒适的环境是这些过冬鸳鸯选择这里的主要原因，动物园也会提供充足的食物。

图6-4　身边常见的昆虫

图6-5　杭州动物园的留鸟红嘴蓝鹊

图 6-6　到杭州动物园越冬的鸳鸯

这些动物都是反映动物园内生态环境良好与否的活指标，是游客可以观赏、观察、学习保护本地物种及其生境的活教材。而通过加强本地珍稀物种的繁育研究，动物园可以开展对其栖息地、相对数量及资源破坏原因等的综合研究，为野化放归工作打好基础，并在开展生物多样性保护研究中做出更大的贡献。

小问题

1. 保护本地物种的方法主要有哪些？

答：________。

主要有就地保护、移地保护、开展驯养繁殖、野化放归和再引进等

2. 杭州动物园成功圈养繁殖了哪种本地特有的鹿科动物？

答：________。黑麂

动物园野生动物救护队

龚利洋

一大早动物园里就异常忙碌，兽医和饲养员们来回奔波，在鸟禽展区进进出出。这又发生了什么情况？天生好奇的金刚鹦鹉Jerry就赶忙过来八卦一下：“这是怎么了？又有哪个小伙伴受伤了吗？”巨嘴鸟红红消息最灵通：“我知道！是今天刚救护来的凤头鹰需要治疗，听说是撞在玻璃上掉下来被市民捡到了。”“这动物园现在业务这么广泛，连市民捡的老鹰也要管了吗？我就想知道今天的早饭还有人负责吗？我可不抗饿。”双角犀鸟晃动着它那硕大无比的嘴巴，一看就是又饿了。听到这儿，白鹇坐不住了，它一下子跳上树干站在高处开始给大家上课了：“作为老杭州，我有责任给你们科普一下，杭州动物园每年都要救护好多野生动物，大多数都是像我这样的本地物种，有各种猛禽、水鸟、小型哺乳动物。”大家听了白鹇的一番科普后恍然大悟，对动物园开展这样的救护工作肃然起敬。原来，动物园里还藏着这么一支充满爱和温暖的野生动物救护队。

与人一样，野生动物也会受伤，也有老弱病残，当你在野外遇到这些看似需要帮助的野生动物时，你会怎么做？你知道怎样为它们提供帮助才是恰当的吗？一般人首先想到的是报警，有些爱心人士可能会把受伤的动物带回家饲养，但现在越来越多的人会想到一个特殊组织——动物园野生动物救护队，这是国家林业部门为救护野生动物而专门设立的机构。是的，现在很多动物园里都会有这样一个组织，有的由专职救护人员组成，但大部分还是兼职的，在没有野生动物需要救护的时候他们是动物园里的保育员、兽医、管理人员、司机等。有没有一点“平时为民，战时为兵”的意思?

近年来，多数动物园野生动物救护队每年接到的求助电话数以百计。一旦确认有野生动物需要救护，他们会确保在本职工作不受影响的情况下，尽快赶赴现场对需要救护的野生动物进行处理。当然，救护野生动物也是有一套程序的。

首先，对救护信息进行处理。如果是电话求救，要做好电话记录，内容包括来电号码、救护详细地址、动物名称及来源和数量、救护建议等;如果是某些媒体、个人、单位将野生动物送到了动物园，在对动物做出必要的紧急处理后，要做好接待记录，内容包括送救人或单位名称、联系方式、动物名称及来源和数量（图 6-7）。其次，确认需要外出救护时，立即通知外出救护人员救护详细地址、联系电话、动物名称及来源和数量。外出救护人员接到通知后，联系对方，以便确定动物的状况，带上必要的人员和工具前往救护。

图 6-7　救护队接受记者采访并做好收治记录

当动物被接入动物园后，外出救护人员需要和该动物的饲养人员、兽医进行详细的信息对接，以便对救护动物进行全面的身体检查，确定动物的安置（暂养救治、放生或其他）办法。如果该动物需要在动物园暂养救治，除了对动物精心饲养救治外，饲养人员必须做好饲养记录，兽医必须做好治疗记录。当动物经过救治后，经检查认定身体健康、适于放生的，则选择在合适的时间、合适的地点，用合适的方式进行科学放生，并做好记录（图 6-8）。如果动物救治无效不幸死亡，则在进行必要的尸检后，将动物尸体进行科学处理，并做好记录。

图 6-8 救护凤头鹰放生

那么，动物园野生动物救护队去现场救护野生动物时需要注意哪些事项呢？

首先，要保证人员的安全。救护开始之前，先要对救护对象进行危险性评估，以便做好防护措施，确保救护人员和周边群众的安全。在看到有人靠近时，绝大部分野生动物都不知道你是来帮它的，它会出于本能用它所能使用的一切方式来攻击你，以求保护自己。一些较大的尖嘴涉禽，会以超出你想象的速度来直接啄你的脸甚至眼睛；一些猛禽则会用它锋利的爪子迅速抓破你的皮肤，让你鲜血直流；那些猛兽的攻击性就更不用说了……所以，救护一些猛禽时需要救护人员戴上专门的手套用以防护，对于一些猛兽则需要合适的网兜、钳子，必要时需要先用药物使其安静下来（图 6-9）。

图 6-9　避免救护的动物挣扎造成双方伤害

其次，要判断动物是否需要救护。能轻松获得的野生动物，基本都是有伤病的，需要救护。一只被捕鸟网缠住而翅膀或腿受伤的鸟，一只被陷阱困住的野兽，这些野生动物是需要救护的；而如果在草地上看到一只刺猬缩成一个球趴着不动，就完全不需要救助……

在确定野生动物需要救护后，一般需要制作一个临时的“病房”用于转运动物（图 6-10）。这个“病房”至少需要让动物不那么害怕，不

图 6-10　纸箱适合暂时存放破坏力小的救护动物

会让动物造成二次伤害。如果救护的野生动物是一只腿受伤的鹿，则需要在经过消毒处理的笼子底部铺上适当的垫料；如果救护的是鸟类，可以根据鸟的体形选择一个纸板箱，在纸板壁上扎上几个孔用来透气，箱底最好垫上柔软的棉质旧衣物或毛巾，以防止因箱底太滑而使鸟滑倒再次受伤……救护用的笼子、箱子最好能相对封闭，黑暗的环境能给动物安全感。如果只是短时间运输不用提供食物。

那么，当市民朋友遇到疑似需要救护的野生动物时应该怎么办？您可以先打电话给野生动物救护队，将实际情况尽可能详细地描述清楚，咨询一下该动物是否需要救护。如果确定遇到的野生动物需要专业救护，联系野生动物救护中心的时候需要您正确地描述救到的动物：哪类动物，是鸟还是兽，多大个儿，有什么特征等；也需要正确地描述动物的情况：哪有出血，哪有骨折，头怎样，翅膀怎样，腿怎样等，或者拍照直接发送过去。提供的信息越准确，越有利于野生动物救护队开展工作。

小问题

1. 开始救护之前首先要做什么？

答：________。对救护对象进行安全评估

2. 动物看到救护人员会知道他们是来救自己的，乖乖配合吗？

答：________。不会，反而会本能地来攻击你

3. 动物经过救治后会被怎么处理？

答：________。

在确认健康后，会在合适的时间、合适的地点，用合适的方式进行科学放生，让它重新回归大自然

野化放归

于学伟

斑头鸺“六一”在小伙伴们面前说：“你们想听我的故事吗？我可是动物园里长大的哦！具体怎么来到动物园的我是记不清了，那时的我实在太小了，但我记得照顾我的一位姐姐一直训练我让我自己去寻觅食物、训练飞行。不怕你们笑话，最开始我宁可吃放着的大麦虫也不愿去寻找藏好的肉，你看现在我抓鼠这么厉害，那可多亏了当时勤奋的练习啊！”小伙伴们说：“六一，六一，再说点你印象深刻的事吧。”六一闭上眼睛想了一会儿说：“对了，我印象最深刻的一件事是我的第一次放飞，那是在我学会自己捕食活鼠之后的事情啦。那天当我离开有铁丝网的房子，可以在空中越飞越高的时候，越是自由我越是害怕，面对这个既陌生又似曾熟悉的世界，我没有把握，飞得又急又没方向感，想回原地找找照顾我的姐姐。真不巧，我一转身就撞上了喜鹊大姐，扑通——我失去了平衡，一下子掉进了池塘，喝了好几口水，多亏了园林工人把我捞了起来。虽然受了点惊吓，但是经过这次飞行我对外面的世界充满了好奇，等身体恢复后工作人员又对我进行了第二次放飞，这次我成功地飞向了树林……”小伙伴们：“哇，然后呢，然后呢？”六一：“然后就遇到你们了啊！现在我知道我也是个幸运儿，如果没有那些飞行与捕食训练，我根本没有野外生存的能力。”看到这儿，你会发现动物园的动物放归野外可不是一件简单的事儿，那关于野生动物放归你又了解多少呢？

野生动物原来生活在哪里?

野生动物生活在野外自然界中。但是随着社会发展和人类活动范围的扩大，人们要砍树、采石、挖矿、建造房屋、开垦农田等，野生动物的栖息地被破坏。此外为了获得野生动物的毛皮、骨、肉等而捕捉猎杀野生动物，使得野生动物种群数量急剧下降，面临着巨大的生存压力，尤其是珍稀濒危的野生动物更是面临着灭绝的危险。为了拯救它们，人们把这些野生动物饲养在动物园和野生动物繁育中心或者建立自然保护区，在人工饲养下生存、繁衍。在动物园和野生动物繁育中心生活的动物，在数量达到一定规模的情况下，会考虑把它们送回到野外它们原本的栖息地。在圈养条件下，动物的一些野外生存能力会降低，因此会对它们进行一些训练，使它们能够在野外环境条件下，寻找到食物、同伴，能够躲避天敌。

野化放归架起了人工饲养的动物与野外野生的动物种群之间的一个桥梁。野化放归其实就是把圈养动物和野外种群做了一个大融合，让它们可以在野外重新相聚在一起。野生动物保护的最终目的始终是要使野生动物回归自然，与人类和谐共处，长久生存。

野生动物的野外放归方式一般有两种：硬放归和软放归。硬放归是指在释放前不做准备，释放后也不对放归的动物提供帮助和监测的放归活动。例如，在野外救护或者非法捕猎被缴获的一般野生动物，精心救护后已恢复野外生存能力，可以找到适合放归的栖息地环境直接放归（图6-11）。软放归是指在放归前对释放的个体进行各种准备性训练并在释放后给予一定的帮助，包括提供食物、产崽巢穴等，通常还包括对放归动物进行监测及提供各种可能的救护等。大部分圈养环境下繁殖的，长期与人接触的野生动物都需要经过这样的方式放归。野化放归，不是简单的事情，稍有不慎就会失败，因此放归要加强监测和评估。

图 6-11 对于救护的成年本地野生动物实施硬放归

你知道我国对哪些动物进行了野化放归吗?

我国成功野化放归了扬子鳄、朱鹮、麋鹿和普氏野马等野生动物。下面让我们一起来了解一下吧!

朱鹮是世界上最濒危的鸟类之一,是我国国家一级保护动物,被列入《濒危野生动植物种国际贸易公约》(CITES)附录Ⅰ。历史上,朱鹮曾广泛分布于我国长江以北地区,由于受自然环境变化和人类活动影响,野生朱鹮曾非常罕见,在 20 世纪 80 年代初曾被认为已经灭绝。1981 年 5 月,我国科学家在陕西省洋县发现了 7 只野生朱鹮,引起世界关注。国家立即开展了拯救保护行动,先后在陕西省洋县成立了朱鹮保护观察站,并设立了专门自然保护区和 4 处繁育基地,深入研究朱鹮人工繁育技术。经过 20 多年的努力,我国终于突破了朱鹮繁育和疫病控制等技术难关。截至 2007 年年底,全国朱鹮总数已达 1000 多只,其中野外种群个体 500 多只,人工繁育种群个体 500 只左右,朱鹮基本摆脱了灭绝的威胁。

2004 年，国家林业局组织开展了朱鹮野外放归研究，先后于 2005 年、2006 年在陕西省洋县两次成功开展野化放归试验。在此基础上，2007 年 5 月底，在陕西省宁陕县首批正式野化放飞的朱鹮经历四季野外生存，尤其是安全度过冬季食物短缺期后，于 2008 年春开始繁育后代，已繁育出幼鸟，标志着我国朱鹮野化放飞取得历史性突破。

麋鹿也叫“四不像”，是世界珍稀动物，属于鹿科。它的头脸像马，角像鹿，脖子像骆驼，尾巴像驴，因此被叫作“四不像”。麋鹿原来生活在我国长江中下游的沼泽地带。人类活动、自然气候变化、动物自身等因素导致中国特有的野生麋鹿种群于 20 世纪初在本土上灭绝。北京南海子原本是皇家猎苑，有 600 多年的历史；这里属于湿地，泉眼密布，草木葱郁，适合麋鹿生长。这里是麋鹿的原分布地，也是麋鹿在我国最后的栖息地。法国神父大卫在北京南海子清朝皇家猎苑偷窥到麋鹿，贿赂卫兵，得到一张麋鹿皮运往国外，由法国动物学家米勒·爱德华确定拉丁种名，麋鹿被命名为大卫鹿。西方列强不断向清朝索取麋鹿运往欧洲的一些国家动物园。1900 年，八国联军攻入北京，南海子麋鹿被西方列强劫杀一空，麋鹿在中国本土灭绝。在国外，因生态环境变化，面临灭绝的威胁，英国一热心动物保护的贵族——贝福特公爵十一世，出高价把饲养在巴黎、柏林、科隆、安特卫普等地动物园内的 18 头麋鹿全部买回英国，养在他的乌邦寺庄园内。庄园内景色秀丽、水草丰茂，环境与北京南海子差不多，麋鹿在这里生活，到 1914 年数量已经有 72 头，到 1945 年已经有 250 头。1985 年 8 月 24 日，22 头麋鹿实现了流落海外近 100 年后重返家园的夙愿。20 世纪 90 年代，通过人类的保护活动，开始将麋鹿在原生地恢复野生种群。野生麋鹿走过了引种扩群、半散养行为再塑、放归自然 3 个阶段。经过 14 年的艰辛努力，人们有计划地实施麋鹿野生放归和自由走出围栏形成野生种群，取得了较好的效果。目前，我国已有江苏大丰野生麋鹿群、湖北石首野生麋鹿群、湖南洞庭湖野生麋鹿群三大野生种群。

扬子鳄，是我国特有的古老而珍稀的爬行动物。扬子鳄的祖先曾经和灭绝的恐龙生活在同一年代，享有动物界“活化石”之称，被联合国濒危野生动植物贸易公约组织列入濒危动物保护名录。扬子鳄原来广泛分布在长江中下游地区，由于自然环境变迁和人类活动干扰，它们的分布范围逐渐缩小，种群数量锐减。20 世纪 80 年代末 90 年代初，成为世界 23 种极为濒危的物种之一。目前，扬子鳄野生种群分布范围缩减至安徽、浙江交界的狭小地带，正处于灭绝的边缘，数量估计为 120 ～ 150 条。20 世纪 90 年代，由于扬子鳄人工繁育已取得较大成就，专家提出了野外放归的设想。这十余年间，扬子鳄自然保护区一直进行着野化放归工作，已放归扬子鳄 100 余条。该工作目前进展顺利，放归的鳄鱼适应性良好，已繁殖幼鳄，接下来还会选择更多适合扬子鳄生存的栖息地来扩大野化放归种群的规模。扬子鳄的最终归宿是回归自然。

同样备受瞩目的大熊猫，其野化放归工作从 2006 年开始。有过最开始的失败，也有生存下来并成功产崽的适应者。梳理已放归大熊猫的父母不难发现，放归对象为父母双方或一方为野生种的后代，产下的幼崽比圈养大熊猫后代更壮实；其中一方或双方有野外生存经验的，后代有野生种群的习惯，野外生存力较强。因此今后被选入放归的大熊猫，会从它们的父母开始进行野化训练，从产崽开始它们就要带着孩子进行野外生活。

野化放归是个长期、系统、复杂的科学工作，动物园作为濒危动物的保护繁育基地，我们所有人工饲养繁育、野外救护、种群管理积累的经验技术最后都应更好地应用到动物的野化放归、复壮野外种群上，尤其是本地物种的保护，这条道路任重而道远。在我们人类建设美好家园时，请不要忘记地球并不仅仅属于我们人类，同时也属于野生动物。

小问题

1. 野生动物的野外放归方式有哪两种？

答：＿＿＿＿＿＿。硬放归和软放归

2. 我国成功野化放归了哪些动物？

答：＿＿＿＿＿＿。大熊猫、扬子鳄、麋鹿、朱鹮、普氏野马等

参考文献

[1] G. 霍西，V. 梅尔菲，S. 潘克赫斯特 . 动物园动物：行为、管理及福利 [M]. 2 版 . 田秀华，刘群秀，马雪峰，等译 . 北京：科学出版社，2017.

[2] 贺君，宇强，唐东，等 . 基于红外相机技术调查皖南山区黑麂种群密度 [C]// 第十三届全国野生动物生态与资源保护学术研讨会暨第六届中国西部动物学学术研讨会论文摘要集 . 2017.

[3] 黄一峰 . 自然怪咖生活周记 [M]. 北京：中信出版社，2016.

[4] 黄一峰 . 自然野趣 D.I.Y. [M]. 北京：北京联合出版公司，2017.

[5] 谭邦杰 . 世界动物园的历史发展 [J]. 科技导报，1986（5）：57–66.

[6] 王妍，赵纪军 . 中国近代动物园历史发展进程研究 [C]// 中国风景园林学会 . 中国风景园林学会 2013 年会论文集（上册）. 北京：中国建筑工业出版社，2013：137–141.

[7] 张恩权，李晓阳 . 图解动物园设计 [M]. 北京：中国建筑工业出版社，2015.

[8] 张恩权 . 动物园的发展历史 [J]. 科学，2015，（67）2：16–20.